职业教育工业机器人技术应用专业系列教材

工业机器人保养与维护

主　编　韦志军　　李小卓　　唐忠玲

副主编　杨凡柳　　甘　明　　赵　海

参　编　袁　璇　　冯　生　　周春谋

　　　　曾　湛　　郑　蕾

主　审　杨杰忠

电子工业出版社

Publishing House of Electronics Industry

北京·BEIJING

内 容 简 介

本书主要内容包括工业机器人的拆装、工业机器人的电气安装、工业机器人的故障诊断与排除、工业机器人的维护与保养，共 4 个项目 13 个任务。

本书可作为职业院校工业机器人相关专业教材，也可作为工业机器人安装、使用、维修等岗位的培训教材。

图书在版编目（CIP）数据

工业机器人保养与维护 / 韦志军，李小卓，唐忠玲主编. —北京：电子工业出版社，2023.7

ISBN 978-7-121-45852-1

Ⅰ. ①工… Ⅱ. ①韦… ②李… ③唐… Ⅲ. ①工业机器人－保养－职业教育－教材 ②工业机器人－维修－职业教育－教材 Ⅳ. ①TP242.2

中国国家版本馆 CIP 数据核字（2023）第 115569 号

责任编辑：张 凌　　　　特约编辑：田学清
印　　刷：三河市兴达印务有限公司
装　　订：三河市兴达印务有限公司
出版发行：电子工业出版社
　　　　　北京市海淀区万寿路 173 信箱　　　　邮编：100036
开　　本：880×1230　　1/16　　印张：13　　字数：291 千字
版　　次：2023 年 7 月第 1 版
印　　次：2024 年 12 月第 2 次印刷
定　　价：42.00 元

前　言

　　本书以党的二十大精神为统领，全面贯彻党的教育方针，落实立德树人根本任务，践行社会主义核心价值观，铸魂育人，坚定理想信念，坚定"四个自信"，为中国式现代化全面推进中华民族伟大复兴而培育技能型人才。

　　加速转变生产方式、调整产业结构是我国国民经济和社会发展的重中之重，而要完成这种转变和调整，就必须有一批高素质的技能型人才作为坚实的后盾。近年来，各职业院校都在积极开展工业机器人相关技术及操作运维人员的培养试点工作，并取得了较好的效果。但由于相关工作起步较晚，课程体系、教学模式都有待完善和提高，教材建设也相对滞后，所以至今还没有一套适合中职教育快速发展的成体系、高质量的教材。即使有工业机器人技术应用专业教材，也不是很完善，或者是内容陈旧、实用性不强，或者是形式单一、无法突出高技能人才培养的特色，更没有形成合理的体系。因此，开发一套体系完整、特色鲜明、适合理实一体化教学、反映企业最新技术与工艺的工业机器人技术应用专业教材成为中职教育亟待解决的问题。

　　鉴于工业机器人相关技术及操作运维人员短缺的现状，广西梧州商贸学校与江苏汇博机器人技术股份有限公司从 2018 年 6 月开始组织相关人员采用走访、问卷调查、座谈会等方式，到全国具有代表性的机电行业企业、部分省市的职业院校进行了调研，对目前企业对工业机器人相关技术及操作运维人员的知识与技能要求，学校工业机器人相关专业教学现状与教学和课程改革情况，以及对教材的需求等有了比较清晰的认识。在此基础上，编者依托行业优势，以为企业输送满足其岗位需求的合格人才为最终目标，组织行业和技能教育方面的专家对本书编写内容、编写模式等进行了深入探讨，形成了本书的编写框架。

　　本书的编写指导思想明确，坚持以达到国家职业技能鉴定标准和就业能力为目标，以专业（工种）的工作内容为主线，以工作任务为引领，由浅入深，循序渐进，精简理论，突出核心技能与实操能力，使理论与实践融为一体，充分体现"教""学""做"合一的教学思想，致力于构建符合当前教学改革方向，以培养应用型、技术型和创新型人才为目标的教材体系。

　　本书重点突出 3 个特色，一是"新"字当头，即体系新、模式新、内容新。体系新是指从以学科体系为主转变为以专业技术体系为主；模式新是指从传统章节模式转变为以工作过程为导向的项目任务模式；内容新是指充分反映新材料、新工艺、新技术、新方法等知识。二是注重科学性。本书从体系、模式到内容，均符合教学规律，符合国内、外工业机器人技术水平的实际情况；在具体任务和实例的选取上，突出先进性、实用性和典型性，便于组织教学，以提高学生的学习效率。三是体现普适性。本书在内容安排上尽量照顾不同的读者，适用面比较广。

本书由韦志军、李小卓、唐忠玲担任主编，杨凡柳、甘明、赵海担任副主编，袁璇、冯生、周春谋、曾湛、郑蕾参编，杨杰忠主审。

本书将对深化职业技术教育改革，提高工业机器人相关技术及操作运维人员培养的质量起到积极的作用。在此，谨向为这套教材出力的学者和单位表示衷心的感谢。

编　者

目　录

项目一

工业机器人的拆装

任务1 认识工业机器人

学习目标

◇ 知识目标：

1. 掌握工业机器人的定义。

2. 熟悉工业机器人的常见分类及行业应用。

3. 了解工业机器人的发展现状和趋势。

◇ 能力目标：

1. 结合工厂自动化生产线说出搬运机器人、码垛机器人、装配机器人、涂装机器人和焊接机器人的应用场合。

2. 进行简单的工业机器人操作。

机器人技术是综合了计算机、控制论、机构学、信息和传感技术、人工智能、仿生学等多个学科的高新技术，是应用日益广泛的领域。而且，工业机器人应用情况是反映一个国家工业自动化水平的重要标志之一。本任务的主要内容就是初步认识工业机器人，通过观看工业机器人在工厂自动化生产线中的应用录像，以及参观工业机器人相关企业的生产现场，加深对工业机器人应用领域的了解。在教师的指导下分组进行简单的工业机器人操作练习。

一、工业机器人的定义及特点

1. 工业机器人的定义

工业机器人是广泛用于工业领域的多关节机械手或多自由度的机器装置，具有一定的自动性，可依靠自身的动力源和控制能力实现各种工业加工制造功能。工业机器人被广泛应用于电子、物流、化工等各个领域。

在我国1989年的国际草案中，工业机器人被定义为一种可自动定位控制及可重复编程的、多功能的、多自由度的操作机。操作机被定义为具有和人手臂相似的动作功能，可在空间抓取物体或进行其他操作的机械装置。

国际标准化组织（ISO）曾于1984年将工业机器人定义为一种自动的、位置可控的、具有编程能力的多功能机械手，这种机械手具有几个轴，能够借助可编程的操作处理各种材料、零件、工具和专用装置，执行各种任务。

2. 工业机器人的特点

（1）可编程。

生产自动化的进一步发展是柔性自动化，工业机器人可随工作环境变化的需要再编程，因此，它在小批量、多品种及具有均衡高效率的柔性制造过程中能发挥很好的功用，是柔性制造系统中的一个重要组成部分。

（2）拟人化。

工业机器人在机械结构上有类似人的手臂、腕部、手指等部分。此外，智能化工业机器人还有许多类似人的"生物传感器"，如皮肤型接触传感器、力传感器、负载传感器、视觉传感器、听觉传感器、语音功能传感器等。

（3）通用性。

除专门设计的专用工业机器人之外，一般的工业机器人在执行不同的作业任务时都具有较好的通用性。例如，更换工业机器人手部末端执行器（手指、工具等）便可执行不同的作业任务。

（4）机电一体化。

第三代智能化工业机器人不仅具有获取外部环境信息的各种传感器，还具有记忆能力、语言理解能力、图像识别能力、推理判断能力等，这些都是微电子技术的应用，尤其与计算机技术的应用密切相关。工业机器人与自动化成套技术集中并融合了多个学科，涉及多个技术领域，包括工业机器人控制技术、机器人动力学及仿真、机器人构建有限元分析、激光加工技术、模块化程序设计、智能测量、建模加工一体化、工厂自动化、精细物流等先进制造技术，技术综合性强。

二、工业机器人的历史和发展趋势

1. 工业机器人的诞生

20世纪20年代初期，机器人（Robot）一词由捷克著名剧作家、科幻文学家、童话寓言家卡雷尔·恰佩克首创，是机器人的起源，一直沿用至今。到了现代，人类对机器人的向往，从机器人频繁出现在科幻小说和电影中不难看出，科技的进步让机器人不只停留在科幻故事里，它正一步步潜入人类生活的方方面面。1959年，美国发明家英格伯格与德沃尔制造了世界上第一台工业机器人Unimate（见图1-1-1），这个外形类似坦克炮塔的机器人可实现回转、伸缩、俯仰等动作，被称为现代工业机器人的开端。之后，不同功能的工业机器人相继出现并活跃在不同的领域。

图 1-1-1 世界上第一台工业机器人 Unimate

2．工业机器人的发展现状

作为 20 世纪最伟大的发明之一，工业机器人自问世以来，从简单机器人到智能机器人，其发展已取得长足进步。

2005 年，日本 YASKAWA 推出了能够从事由人类完成组装及搬运作业的产业机器人 MOTOMAN-DA20 和 MOTOMAN-IA20（见图 1-1-2）。MOTOMAN-DA20 是一款在仿造人类上半身的构造物上配备两个六轴驱动臂的双臂机器人，它可以稳定地搬运工件，还可以从事紧固螺母与部件的组装和插入等作业。MOTOMAN-IA20 是一款通过七轴驱动来再现人类肘部动作的臂式机器人。

（a）双臂机器人 MOTOMAN-DA20 　　　（b）七轴臂式机器人 MOTOMAN-IA20

图 1-1-2 YASKAWA 机器人

2010 年，意大利 COMAU 宣布码垛机器人 SMART5 PAL（见图 1-1-3）研制成功。该机器人专为码垛作业设计，采用新的控制单元 C5G 和无线示教，能满足一般工业部门的高质量要求，主要应用在装载/卸载、多个产品拾取、堆垛和高速操作等场合。

2010 年，德国 KUKA 公司的机器人产品——气体保护焊接专家 KR 5 arc HW（Hollow Wrist）获得了红点奖，如图 1-1-4 所示。

日本 FANUC 也推出过装配机器人 M-3iA。M-3iA 可采用四轴或六轴模式，具有独特的平行连接结构，还具备轻巧便携的特点，如图 1-1-5 所示。

图 1-1-3　COMAU 码垛机器人　　图 1-1-4　KUKA 焊接机器人　　图 1-1-5　FANUC 装配机器人
　　　　SMART5 PAL　　　　　　　　　KR 5 arc HW　　　　　　　　　　M-3iA

　　国际工业机器人技术基本沿着两个路径发展：一是模仿人类的手臂，以实现多维运动，在应用上比较典型的是点焊机器人、弧焊机器人；二是模仿人类的下肢运动，以实现物料输送、传递等搬运功能，如搬运机器人。

3．工业机器人的发展趋势

　　从近几年推出的产品来看，工业机器人技术正向高性能化、智能化、模块化和系统化方向发展，其发展趋势主要为结构的模块化和可重构化，控制技术的开放化、计算机化和网络化，伺服驱动技术的数字化和分散化，多传感器融合技术的实用化，工作环境设计的优化和作业的柔性化等。

　　（1）高性能化。

　　工业机器人技术正向高速度、高精度、高可靠性、便于操作和维修方向发展，且单机价格不断下降。

　　（2）结构的模块化和可重构化。

　　工业机器人的机械结构向模块化和可重构化方向发展。例如，关节模块中的伺服电机、减速机、检测系统三位一体化，以及由关节模块、连杆模块用重组方式构造机器人整机。

　　（3）本体结构更新加快。

　　随着技术的进步，近年来，工业机器人本体发展变化很快。以 YASKAWA（安川）推出的MOTOMAN 机器人产品为例，L 系列机器人持续 10 年，K 系列机器人持续 5 年，SK 系列机器人持续 3 年。YASKAWA 推出新的 UP 系列机器人，其最突出的特点是大臂采用新型的非平行四边形的单连杆机构，工作空间有所增加，本体质量进一步减轻，变得更加轻巧。

　　（4）控制系统向基于计算机的开放型控制器方向发展。

　　控制系统向基于计算机的开放型控制器方向发展便于标准化、网络化；器件集成度提高，控制柜日渐小巧。

（5）多传感器融合技术的实用化。

工业机器人中的传感器的作用日益重要，除采用传统的位置、速度、加速度等传感器之外，装配/焊接机器人还应用了视觉、力觉等传感器，而遥控机器人则采用视觉、听觉、力觉、触觉等传感器的融合技术进行环境建模和决策控制。多传感器融合技术在产品化系统中已成熟应用。

（6）多智能体协调控制技术。

多智能体协调控制技术是目前工业机器人研究的一个崭新领域，主要对多机器人协作、多机器人通信、多智能体的群体体系结构和相互间的通信与磋商机理、感知与学习方法，以及建模和规划、群体行为控制等方面进行研究。

三、工业机器人的分类

关于工业机器人的分类，国际上没有制定统一的标准，有的按负载分，有的按控制方式分，有的按自由度分，有的按结构度分，有的按应用度分。下面主要介绍两种工业机器人的分类方法。

1．按技术等级划分

按技术等级划分，工业机器人可以分为3代。

（1）示教再现机器人。

第1代工业机器人是示教再现机器人。这类机器人能够按照人们预先示教的轨迹、行为、顺序和速度重复作业。示教可以由操作人员手把手地进行［见图1-1-6（a）］。例如，操作人员握住机器人上的喷枪，沿喷漆路线示范一遍，机器人记住这一连串动作，工作时，自动重复这些动作，从而完成给定位置的涂装工作，这种方式即直接示教。但是，比较普遍的方式是通过示教器进行示教［见图1-1-6（b）］。例如，操作人员利用示教器上的开关或按键来控制机器人一步一步地运动，机器人自动记录后重复。目前，工业现场应用的机器人大多属于第1代工业机器人。

（a）手把手示教　　　　　　　　　　　　（b）示教器示教

图1-1-6　示教再现机器人

（2）感知机器人。

第2代工业机器人具有环境感知装置，能在一定程度上适应环境的变化，目前已进入应用阶段，如图 1-1-7 所示。以焊接机器人为例，焊接的过程一般通过示教方式给出运动曲线，机器人携带焊枪沿着该曲线进行焊接，这就要求工件的一致性要好，即工件被焊接位置十分准确，否则，机器人携带焊枪所走的曲线和工件的实际焊缝位置会有偏差。为解决这个问题，第 2 代工业机器人（应用于焊接作业时）采用焊缝跟踪技术，先通过传感器感知焊缝位置，再通过反馈控制自动跟踪焊缝，从而对示教的位置进行修正。即使实际焊缝相对原始设定的位置有变化，第 2 代工业机器人仍然可以很好地完成焊接工作。类似的技术正越来越多地应用于工业机器人。

（3）智能机器人。

第 3 代工业机器人称为智能机器人，如图 1-1-8 所示，它具有发现问题并自主解决问题的能力。智能机器人尚处于试验研究阶段。这类机器人具有多种传感器，不仅可以感知自身的状态，如所处的位置、自身的故障等；还可以感知外部环境的状态，如自动发现路况、测出协作机器的相对位置和相互作用的力等。更重要的是，智能机器人能够根据获得的信息进行逻辑推理、判断决策，在变化的内部状态与外部环境中能够自主决定自身的行为。这类机器人不仅具有感知能力，还具有独立判断、行动、记忆、推理和决策能力，能适应外部对象、环境并协调进行工作；能完成更加复杂的动作；具备故障自我诊断和修复能力。

图 1-1-7　感知机器人

图 1-1-8　智能机器人

2. 按机构特征划分

工业机器人的机械配置形式多种多样，典型的工业机器人的机构特征是用其坐标特征来描述的。按基本动作机构划分，工业机器人可分为直角坐标机器人、柱面坐标机器人、球面坐标机器人和多关节机器人等。

（1）直角坐标机器人。

直角坐标机器人具有空间上相互垂直的多个直线移动轴，通常为 3 个，如图 1-1-9 所示，通过直角坐标方向的 3 个独立自由度来确定其手部的空间位置，其工作空间为一长方体。直角坐标机器人结构简单、定位精度高、空间轨迹易于求解；但动作范围相对较小，设备的空间因数较低，在满足相同的工作空间要求时，机体本身的体积较大。

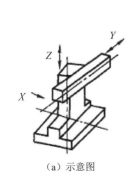
（a）示意图

（b）实物图

图 1-1-9　直角坐标机器人

（2）柱面坐标机器人。

柱面坐标机器人的空间位置机构主要由旋转基座、垂直移动轴和水平移动轴构成，如图 1-1-10 所示。柱面坐标机器人具有 1 个回转自由度和 2 个平移自由度，工作空间呈圆柱体。这种机器人的结构简单、刚性好；缺点是在其动作范围内必须有沿轴线前后方向的移动空间，空间利用率较低。

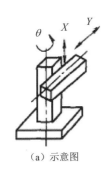
（a）示意图

（b）实物图

图 1-1-10　柱面坐标机器人

（3）球面坐标机器人。

球面坐标机器人如图 1-1-11 所示，其空间位置分别由旋转、摆动和平移 3 个自由度确定，工作空间形成球面的一部分。球面坐标机器人的机械手能够进行前后伸缩移动、在垂直平面上摆动并绕基座在水平面上移动。著名的 Unimate 机器人就是球面坐标机器人。球面坐标机器人的特点是结构紧凑，其所占空间小于直角坐标机器人和柱面坐标机器人，但仍大于多关节机器人。

球（极）坐标
（a）示意图

（b）实物图

图 1-1-11　球面坐标机器人

（4）多关节机器人。

多关节机器人由多个旋转和摆动机构组合而成。这类机器人的结构紧凑、工作空间大、动作最接近人的动作，而且对涂装、装配、焊接等多种作业都具有良好的适应性，应用范围很广。不少著名的工业机器人都采用了多关节的形式，其摆动方向主要有垂直方向和水平方向两种，因此，这类机器人又分为垂直多关节机器人和水平多关节机器人。例如，美国 Unimation 公司在 20 世纪 70 年代末推出的机器人 PUMA 就是一种垂直多关节机器人，而日本山梨大学研制的机器人 SCARA 则是一种典型的水平多关节机器人。目前，世界工业界装机较多的工业机器人是 SCARA 型四轴机器人和串联关节型垂直六轴关节机器人。

① 垂直多关节机器人。垂直多关节机器人模拟了人的手臂功能，由垂直于地面的腰部旋转轴（相对大臂旋转的肩部旋转轴）、带动小臂旋转的肘部旋转轴和小臂前端的腕部等构成。腕部通常由 2～3 个自由度构成，其工作空间近似一个球体，因此也称为多关节球面机器人，如图 1-1-12 所示。垂直多关节机器人的优点是可以自由地实现三维空间的各种姿态，还可以生成各种复杂形状的轨迹。对于工业机器人的安装面积，垂直多关节机器人的动作范围很大，但缺点是结构刚度较小，动作的绝对位置精度较低。

② 水平多关节机器人。水平多关节机器人在结构上具有串联配置的两个能够在水平面旋转的手臂，其自由度可以根据用途选择 2～4 个，工作空间为一圆柱体，如图 1-1-13 所示。水平多关节机器人的优点是垂直方向上的刚性好，能方便地实现二维平面的动作，因此在装配作业中得到了普遍应用。

图 1-1-12　垂直多关节机器人

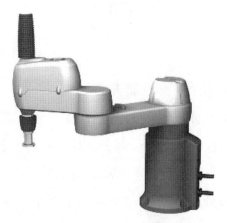

图 1-1-13　水平多关节机器人

四、工业机器人的应用

工业机器人是集机械、电子、控制、计算机、传感器、人工智能等多学科先进技术于一体的现代制造业中重要的自动化设备。随着工业机器人技术日趋成熟，工业机器人已成为一种标准设备而得到工业界的广泛应用。例如，在汽车制造领域，工业机器人主要进行搬运、码垛、焊接、涂装和装配等作业。

（1）搬运机器人（见图 1-1-14）。

搬运作业指用一种设备握持工件，将其从一个加工位置移到另一个加工位置。搬运机器人可安装不同的末端执行器（如机械手爪、真空吸盘、电磁吸盘等），以完成不同形状和状态的工件搬运，大大减轻了人类繁重的体力劳动；通过编程控制，还可以让多台机器人配合各个工序不同设备的工作时间，从而实现流水线作业的最优化。搬运机器人具有定位准确、工作节拍可调、工作空间大、性能优良、运行平稳、维修方便等特点。目前，世界上使用的搬运机器人已超过 10 万台，且广泛应用于机床上下料、自动装配流水线、码垛搬运等。

（2）码垛机器人（见图 1-1-15）。

码垛机器人是机电一体化的高新技术产品，可满足中低量的生产需要，也可按照要求的编组方式和层数完成对料带、胶块、箱体等各种产品的码垛。码垛机器人替代人工进行作业，可迅速提高企业的生产效率和产量，同时减少人工搬运造成的错误。码垛机器人可全天候作业，因此每年可节约大量的人力资源，达到减员增效的目的。码垛机器人广泛应用于化工、饮料、食品、啤酒、塑料等生产企业，对纸箱、袋装、罐装、啤酒箱、瓶装等各种形状的包装成品都适用。

图 1-1-14　搬运机器人

图 1-1-15　码垛机器人

（3）焊接机器人（见图 1-1-16）。

焊接机器人是目前应用领域最广泛的工业机器人，如工程机械、汽车制造、电力建设、钢结构等领域，它能在恶劣的环境下连续工作并提供稳定的焊接质量，既提高了工作效率，又降低了工人的劳动强度。采用焊接机器人是焊接自动化的革命性进步，突破了焊接刚性自动化（焊接专机）的传统方式，开拓了一种柔性自动化生产方式，实现了在一条焊接机器人生产线上同时自动生产若干种焊件。

（4）涂装机器人（见图 1-1-17）。

涂装机器人工作站或生产线充分利用了其灵活、稳定、高效的特点，适用于生产量大、产品型号多、表面形状不规则的工件外表面涂装，广泛应用于汽车、汽车零配件（如发动机、保险杠、变速箱、弹簧、板簧、塑料件、驾驶室等）、铁路（如客车、机车、油罐车等）、家电（如电视机、电冰箱、洗衣机等外壳）、建材（如卫生陶瓷）、机械（如电机减速器）等行业。

图 1-1-16　焊接机器人

图 1-1-17　涂装机器人

（5）装配机器人（见图 1-1-18）。

装配机器人是柔性自动化系统的核心设备，其末端执行器为适应不同的装配对象而设计成

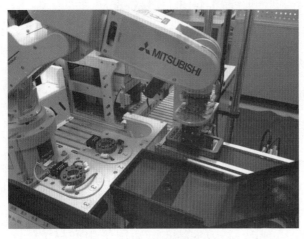

图 1-1-18　装配机器人

各种手爪，传感系统用于获取其与环境和装配对象之间相互作用的信息。与一般工业机器人相比，装配机器人具有精度高、柔性好、工作范围小、能与其他系统配套使用等特点，主要应用于各种电器的制造及流水线产品的组装，具有高效、精确、可不间断工作的特点。

综上所述，在工业生产中应用工业机器人可以方便、迅速地改变作业内容或方式，满足生产要求的变化，如改变焊缝轨迹、改变涂装位置、变更装配部件或位置等。随着工业生产线的柔性要求越来越高，对各种工业机器人的需求也会越来越强烈。

五、工业机器人的安全使用

与一般的自动化设备不同，工业机器人可在工作空间内高速自由运动，最高运行速度可达4m/s，因此，在操作工业机器人时，必须严格遵守工业机器人的安全操作规程，并熟知工业机器人的安全注意事项。

1．工业机器人的安全注意事项

（1）工业机器人的所有操作人员必须对自己的安全负责，在使用工业机器人时，必须遵守所有的安全操作规程。

（2）工业机器人程序的编程人员，以及工业机器人应用系统的设计和调试人员、安装人员必须接受授权培训机构的操作培训才可进行单独操作。

（3）在进行工业机器人的安装、维修和保养时，切记关闭总电源，因为带电操作容易造成电路短路而损坏工业机器人，操作人员也有触电危险。

（4）在调试与运行工业机器人时，工业机器人的动作具有不可预测性，所有的动作都有可能产生碰撞，从而造成伤害，因此，除调试人员以外的所有人员要与工业机器人保持足够的安全距离，一般应与工业机器人工作半径保持 1.5m 以上的距离。

2．工业机器人的安全操作规程

（1）示教和手动操作工业机器人。

① 不要佩戴手套操作示教盘和操作盘。

② 在点动操作工业机器人时，要采用较低的倍率速度，以增加对工业机器人的控制机会。

③ 在按下示教盘上的点动键之前，要考虑工业机器人的运动趋势。

④ 预先考虑好避让工业机器人的运动轨迹，并确认该轨迹不受干涉。

⑤ 工业机器人的周围区域必须清洁，无油、水等。

⑥ 必须确认现场人员的安全帽、安全鞋、工作服是否穿戴齐备。

（2）生产运行。

① 在开机运行前，必须知道工业机器人根据所编程序将要执行的全部任务。

② 必须知道所有控制工业机器人移动的开关、传感器和控制信号的位置与状态。

③ 必须知道工业机器人控制器和外围控制设备上的紧急停止按钮的位置，以便在紧急情况下按下这个按钮。

④ 不要认为工业机器人没有移动，其程序就已经完成，因为这时工业机器人很有可能在等待让它继续移动的输入信号。

任务准备

一、外围设备、工具的准备

为完成工作任务，每个小组需要向工作站的仓库工作人员提供借用工具、设备清单，如

表 1-1-1 所示。

表 1-1-1　借用工具、设备清单

容量	名称	数量	借出时间	学生签名	归还时间	学生签名	管理员签名
1							
2							
3							
4							
5							
6							
7							

二、团队分配方案

还等什么？赶快制订工作计划并实施。

　

任务实施

一、为了更好地完成任务，你可能需要回答以下问题

1．按技术等级划分，工业机器人可以分为 3 代，即_____机器人、_____机器人和_____机器人。

2．按机构特征划分，工业机器人可分为_____、_____、_____、_____4 种。

3．工业机器人的基本特征是_____、_____、_____、_____。

二、工作任务实施

1．观看工业机器人在工厂自动化生产线中的应用录像

记录工业机器人的品牌和型号，并查阅相关资料，了解工业机器人的类型、品牌和型号与应用场合等，填写在表 1-1-2 中。

表 1-1-2　观看工业机器人在工厂自动化生产线中的应用录像记录

序号	类型	品牌和型号	应用场合
1	搬运机器人		
2	码垛机器人		
3	装配机器人		

序号	类型	品牌和型号	应用场合
4	焊接机器人		
5	涂装机器人		

2. 参观工厂、实训室

参观工业机器人基础操作实训室（见图 1-1-19），记录工业机器人的品牌和型号，并查阅相关资料，了解工业机器人的主要技术指标和特点，填写在表 1-1-3 中。

表 1-1-3　参观工厂、实训室记录

序号	品牌及型号	主要技术指标	特点
1			
2			
3			

图 1-1-19　工业机器人基础操作实训室

3. 在教师的指导下分组进行简单的工业机器人操作练习

在进行简单的工业机器人操作练习过程中遇到了哪些问题？是如何解决的？请记录在表 1-1-4 中。

表 1-1-4　简单的工业机器人操作练习情况记录

遇到的问题	解决方法

完成后，请仔细检查，客观评价，及时反馈。

任务评价

一、成果展示

各小组派代表上台总结在完成任务的过程中学会了哪些技能，以及发现错误后如何改正，并在教师的监护下示范操作展示。

二、学生自我评估与总结

_____

_____。

三、小组评估与总结

_____

_____。

四、教师评估与总结

_____

_____。

五、各小组对工作岗位的"6S"处理

在各小组成员都完成工作任务总结后,必须对自己的工作岗位进行"6s"(整理、整顿、清扫、清洁、安全、素养)处理,并归还所借的工具和实习工件。

六、评价表

认识工业机器人评价表如表 1-1-5 所示。

表 1-1-5　认识工业机器人评价表

班级:_____　　　　指导教师:_____

小组:_____　　　　日期:_____

姓名:_____

评价项目	评价标准	评价依据	评价方式			权重	得分小计
			学生自评（20%）	小组互评（30%）	教师评价（50%）		
职业素养	1. 遵守企业规章制度、劳动纪律 2. 按时按质完成工作任务 3. 积极主动承担工作任务,勤学好问 4. 人身安全与设备安全 5. 工作岗位"6S"完成情况	1. 出勤 2. 工作态度 3. 劳动纪律 4. 团队协作精神				0.3	
专业能力	1. 清楚工业机器人的定义 2. 熟悉工业机器人的常见分类及行业应用 3. 结合工厂自动化生产线,能说出搬运机器人、码垛机器人、装配机器人、涂装机器人和焊接机器人的应用场合 4. 掌握工业机器人的安全注意事项和安全操作规程 5. 能对工业机器人进行简单的操作	1. 操作的准确性和规范性 2. 工作页或项目技术总结完成情况 3. 专业技能任务完成情况				0.5	

续表

班级：_____ 小组：_____ 姓名：_____		指导教师：_____ 日期：_____					
评价项目	评价标准	评价依据	评价方式			权重	得分小计
			学生自评（20%）	小组互评（30%）	教师评价（50%）		
创新能力	1．在任务完成过程中能提出有一定见解的方案 2．在教学或生产管理上提出建议，且具有创新性	1．方案的可行性和意义 2．建议的可行性				0.2	
合计							

技能拓展

1．阐述工业机器人的应用实例，并根据实际分析近 5 年当地工业机器人的发展情况。

2．工业机器人机械系统总体设计主要包括哪几方面？

任务 2　工业机器人的机械结构及安装

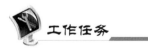学习目标

◇　知识目标：

1．掌握工业机器人的使用安全须知。

2．掌握工业机器人的机械结构。

3．了解工业机器人的技术参数及其意义。

◇　能力目标：

1．对工业机器人本体来货进行开箱检查。

2．使用正确的方法搬运、吊装和安装工业机器人。

工作任务

工业机器人的机械结构是工业机器人的主要基础理论和关键技术，也是现代机械原理研究的主要内容。工业机器人一般由驱动系统、执行机构、控制系统 3 个基本系统，以及一些复杂的机械结构组成。通常用自由度、工作空间、额定负载、定位精度、重复精度和最大工作速度等技术指标来描述工业机器人的性能。

本任务的主要内容是认识工业机器人的本体构造和典型工业机器人操作机轴的定义，并对工业机器人本体来货进行开箱检查，同时使用正确的方法搬运、吊装和安装工业机器人。

相关知识

一、工业机器人结构运动简图

工业机器人结构运动简图是指用结构与运动符号表示工业机器人的手臂、腕部和手指等结构及其之间的运动形式的简易图形符号，如表 1-2-1 所示。

表 1-2-1　工业机器人结构运动简图

序号	运动和结构机能	结构与运动符号	图例说明	备注
1	移动 1	（符号）	（图例）	—
2	移动 2	（符号）		—
3	摆动 1	（a）　（b）	（图例）	绕摆动轴旋转的角度小于 360° 图（b）是图（a）的侧向图形符号
4	摆动 2	（a）　（b）	（图例）	绕摆动轴旋转 360° 图（b）是图（a）的侧向图形符号
5	回转 1	（符号）	（图例）	一般用于腕部回转
6	回转 2	（符号）	（图例）	一般用于机身回转
7	钳爪式手部	（符号）		—
8	磁吸式手部	（符号）	—	—
9	气吸式手部	（符号）		—
10	行走机构	（符号）		—
11	底座固定	（符号）		—

根据工业机器人结构运动简图能够更好地分析和记录工业机器人的各种运动与运动组合，可简单、清晰地表明工业机器人的运动状态，有利于对工业机器人的设计方案进行鲜明的对比。

二、工业机器人的自由度

1. 自由度的概念

描述物体相对于坐标系进行独立运动的数目称为自由度。物体在三维空间有 6 个自由度，如图 1-2-1 所示。

2．工业机器人自由度的表示

工业机器人的自由度是描述工业机器人本体（不含末端执行器）相对于基坐标系进行独立运动的数目。工业机器人的自由度表示工业机器人动作灵活的尺度，一般以轴的直线运动、摆动或旋转运动的数目表示。

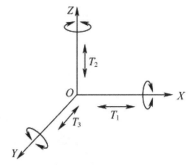

图 1-2-1　三维空间自由度

在工业机器人机构中，两相邻连杆之间有一条公共的轴线，允许两杆沿该轴线相对移动或绕该轴线相对转动，构成一个运动副，也称为关节。工业机器人的关节种类决定了其自由度，移动关节、转动关节、球面关节和虎克铰关节是工业机器人机构中经常使用的关节类型。

工业机器人的关节类型及其自由度的表示方法如图 1-2-2 所示。

移动关节——用字母 P 表示，允许两相邻连杆沿关节轴线做相对移动，这种关节具有 1 个自由度，如图 1-2-2（a）所示。

转动关节——用字母 R 表示，允许两相邻连杆绕关节轴线做相对转动，这种关节具有 1 个自由度，如图 1-2-2（b）所示。

球面关节——用字母 S 表示，允许两连杆之间有 3 个独立的相对转动，这种关节具有 3 个自由度，如图 1-2-2（c）所示。

虎克铰关节——用字母 T 表示，允许两连杆之间有 2 个独立的相对转动，这种关节具有 2 个自由度，如图 1-2-2（d）所示。

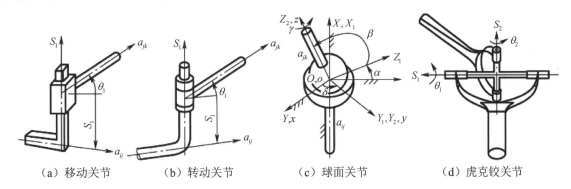

（a）移动关节　　　（b）转动关节　　　（c）球面关节　　　（d）虎克铰关节

图 1-2-2　工业机器人的关节类型及其自由度的表示方法

（1）直角坐标机器人的自由度。

直角坐标机器人的臂部具有 3 个自由度，其移动关节各轴线相互垂直，使臂部可沿 X 轴、Y 轴、Z 轴这 3 个自由度方向移动，构成直角坐标机器人的 3 个自由度，如图 1-2-3 所示。垂直坐标机器人的主要特点是结构刚度大、关节运动相互独立、操作灵活性差。

（2）柱面坐标机器人的自由度。

五轴柱面坐标机器人有 5 个自由度，其臂部可沿自身轴线伸缩移动、可绕机身垂直轴线回转、可沿机身轴线上下移动，构成 3 个自由度。另外，五轴柱面坐标机器人的臂部、腕部和末端执行器三者间采用 2 个转动关节连接，构成 2 个自由度，如图 1-2-4 所示。

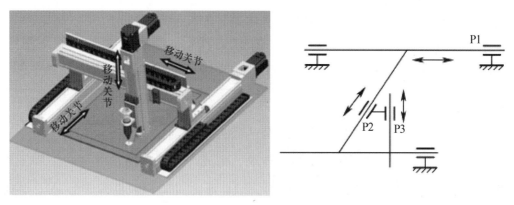

图 1-2-3 直角坐标机器人的自由度

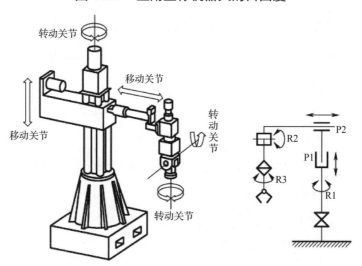

图 1-2-4 五轴柱面坐标机器人的自由度

（3）球面（极）坐标机器人的自由度。

球面（极）坐标机器人具有 5 个自由度，其臂部可沿自身轴线伸缩移动、可绕机身垂直轴线回转、可在垂直平面内上下摆动，构成 3 个自由度。另外，球面（极）坐标机器人的臂部、腕部和末端执行器三者间采用 2 个转动关节连接，构成 2 个自由度，如图 1-2-5 所示。球面（极）坐标机器人的灵活性好、工作空间大。

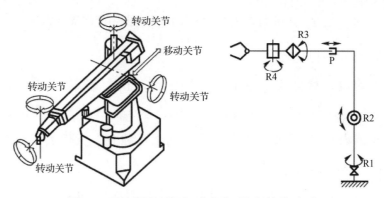

图 1-2-5 球面（极）坐标机器人的自由度

（4）关节机器人的自由度。

关节机器人的自由度与其轴数和关节形式有关，现以常见的 SCARA 型平面关节机器人和六轴关节机器人为例进行说明。

① SCARA 型平面关节机器人的自由度。

SCARA 型平面关节机器人具有 4 个自由度，如图 1-2-6 所示。SCARA 型平面关节机器人的大臂与机身的关节、大/小臂间的关节都为转动关节，具有 2 个自由度；小臂与腕部的关节为移动关节，此关节处具有 1 个自由度；腕部和末端执行器的关节为 1 个转动关节，具有 1 个自由度，可实现末端执行器绕垂直轴线的旋转。SCARA 型平面关节机器人适用于平面定位、在垂直方向进行装配作业。

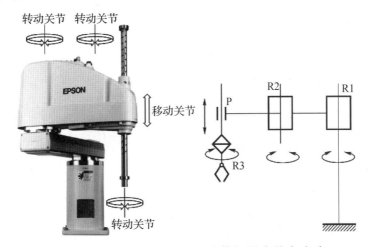

图 1-2-6　SCARA 型平面关节机器人的自由度

② 六轴关节机器人的自由度。

六轴关节机器人有 6 个自由度，如图 1-2-7 所示。六轴关节机器人的机身与基座的腰关节、大臂与机身处的肩关节、大/小臂间的肘关节，以及小臂、腕部和手部三者之间的 3 个腕关节都是转动关节，因此该机器人具有 6 个自由度。六轴关节机器人动作灵活、结构紧凑。

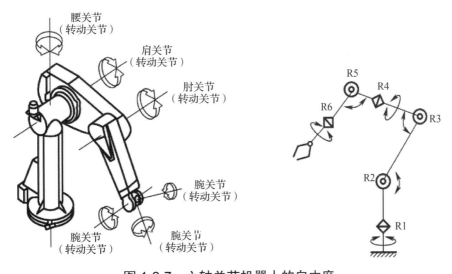

图 1-2-7　六轴关节机器人的自由度

（5）并联机器人的自由度。

并联机器人是由并联方式驱动的闭环机构组成的机器人。Gough-Stewart 并联机构和由此机构构成的机器人是典型的并联机器人，如图 1-2-8 所示。与开链式工业机器人的自由度不同，并联机器人的自由度不能通过结构关节自由度的个数明显数出，但可通过以下公式进行计算：

$$F = 6(l - n + 1) + \sum_{i=1}^{n} f_i$$

式中，F——机器人自由度的个数；

l——机构连杆数；

n——结构的关节总数；

f_i——第 i 个关节的自由度数。

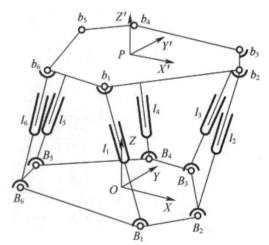

（a）并联机器人　　　　　　　　　　（b）Gough-Stewart 并联机构

图 1-2-8　并联机器人和 Gough-Stewart 并联机构

并联机器人具有无累计误差、精度高、刚度大、承载能力强、速度高、动态响应好、结构紧凑、工作空间较小等特点。根据这些特点，并联机器人在需要大刚度、高精度或大载荷而不需要很大的工作空间的领域得到了广泛应用。

三、工业机器人的坐标系

工业机器人的运动实质上是根据不同作业内容和轨迹的要求在各种坐标系下的运动。工业机器人的坐标系主要包括基坐标系、关节坐标系、工件坐标系和工具坐标系，如图 1-2-9 所示。

1. 基坐标系

基坐标系是工业机器人其他坐标系的参照基础，是工业机器人示教与编程时经常使用的坐标系之一。基坐标系的位置没有硬性的规定，一般定义在工业机器人安装面与第一转动轴的交点处。

2. 关节坐标系

关节坐标系的原点在工业机器人的关节中心点处，反映了该关节处每个轴相对于该关节坐标系原点的绝对角度。

3．工件坐标系

工件坐标系是用户自定义的坐标系，用户坐标系也可以定义为工件坐标系，可根据需要定义多个工件坐标系。当配备多个工作台时，选择工件坐标系操作更为简单。

4．工具坐标系

工具坐标系是原点安装在工业机器人末端的工具中心点（Tool Center Point，TCP）的坐标系，其原点和方向都是随着末端的位置与角度不断变化的。工具坐标系是将基坐标系通过旋转和位移变化而来的。因为工具坐标系的移动是以工具的有效方向为基准的，与工业机器人的位置、姿势有关，所以进行相对于工件不改变工具姿势的平行移动最合适。

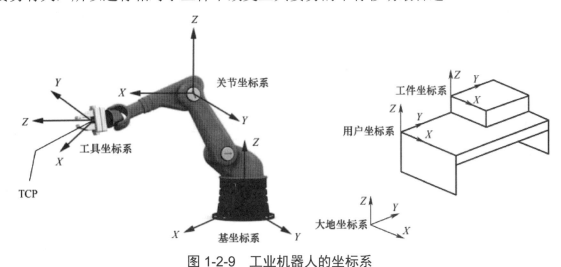

图 1-2-9　工业机器人的坐标系

四、工业机器人的工作空间

1．工作空间的概念

（1）工作空间。

工业机器人在正常运行时，其末端执行器工具中心点能进行空间活动的范围称为工作空间，又称为可达空间或总工作空间，记作 $W(p)$。

① 灵活工作空间。灵活工作空间是指在工作空间中，末端执行器以任意姿态到达的点所构成的工作空间，记作 $W_p(p)$。

② 次工作空间。次工作空间是指工作空间中去掉灵活工作空间后余下的部分，记作 $W_s(p)$。根据定义，有

$$W(p) = W_p(p) + W_s(p)$$

（2）奇异形位。

奇异形位是指工作空间边界面上的点对应的工业机器人的位置和姿态。在灵活工作空间中，点的灵活程度受到操作机结构的影响，通常分为以下两类。

① Ⅰ类——末端执行器以全方位到达的点构成的灵活工作空间，记作 $W_{p1}(p)$。

② Ⅱ类——只能以有限个方位到达的点构成的灵活工作空间，记作 $W_{p2}(p)$。

（3）举例。

3R 操作机工作空间示意图如图 1-2-10 所示，由 3 个杆 L1、L2 和 H 组成，且杆 L1 的长度大于杆 L2 与杆 H 的长度之和。取手心点 P 为末端执行器的参考点，令 l_1、l_2 分别为杆 L1、L2 的长度，h 为从手心点 P 到关节点 O_3 的长度（杆 H 的长度），则：

① 圆 C_1 的半径为 $R_1=l_1+l_2+h$（图 1-2-10 中的极限位置 1）；圆 C_4 的半径为 $R_4=l_1-l_2-h$（图 1-2-10 中的极限位置 3）。圆 C_1 和圆 C_4 的半径分别是该操作机工作空间的边界，它们之间的环形面积即 $W(p)$。

② 圆 C_2 的半径为 $R_2=l_1+l_2-h$（图 1-2-10 中的极限位置 2）；圆 C_3 的半径为 $R_3=l_1-l_2+h$（图 1-2-10 中的极限位置 4）。圆 C_2 和圆 C_3 的半径分别是该操作机灵活工作空间的边界，它们之间的环形面积即 $W_p(p)$。

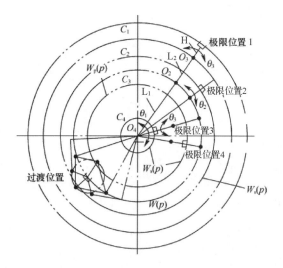

图 1-2-10 3R 操作机工作空间示意图

结论：

① $W_p(p)$中的任意点均为全方位可达点。

② 圆 C_1 和圆 C_4 上的任意点只可沿该圆的切线方向运动。

③ 末杆 H 越长，即 h 越大，圆 C_1 越大，圆 C_4 越小，总工作空间越大；但相应的灵活工作空间因圆 C_2 的半径增大和圆 C_3 的半径减小而减小。

④ 工作空间受关节转角的限制。

2．工作空间的两个基本问题

（1）正问题。

给出某一结构形式和结构参数的操作机及其关节变量的变化范围，求工作空间的问题称为工作空间的正问题。

（2）逆问题。

给出某一限定的工作空间，求操作机的结构形式、结构参数和关节变量的变化范围的问题称为工作空间的逆问题。

3．用图解法确定工作空间边界

在用图解法确定工作空间边界时，得到的往往是工作空间的各类剖截面（或剖截线），如图 1-2-11 所示。图解法的直观性强，便于和计算机结合，以显示操作机的结构特征。图解法获得的工作空间不仅与工业机器人各连杆的尺寸有关，还与工业机器人的总体结构有关。

在用图解法确定工作空间边界时，需要将关节分为两组，即前三关节和后三关节（有时为两关节或单关节），前三关节称为位置结构，主要确定工作空间的大小；后三关节称为定向结构，主要决定手部姿势。首先分别求出两组关节形成的腕点空间和参考点在腕坐标系中的工作空间，然后进行包络整合。

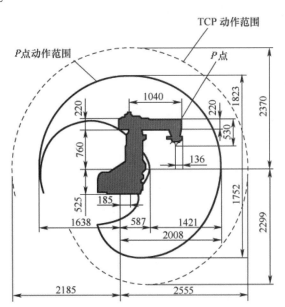

图 1-2-11　NB4L 型关节机器人的外形尺寸与动作范围（单位：mm）

五、关节机器人的结构

关节机器人也称为关节手臂机器人或关节机械手臂，是当今工业领域常见的工业机器人形态之一。它的关节类似人的手臂，可以代替很多不适合人力完成、对人的身体健康有害的复杂工作。

1．关节机器人的特点

（1）具有很高的自由度，适合几乎任何轨迹或角度的工作。

（2）可通过自由编程来完成全自动化工作。

（3）提高了生产效率，降低了可控制的错误率。

（4）价格高，初期投资成本高。

（5）生产前期的工作量大。

2．关节机器人的分类

（1）多关节机器人。

五轴关节机器人和六轴关节机器人是常用的多关节机器人，这类机器人拥有 5 个或 6 个旋转轴，类似人的手臂。典型的六轴关节机器人如图 1-2-12 所示，其应用领域有装货、卸货、喷漆、表面处理、测试、测量、弧焊、点焊、包装、装配、机加工、固定、特种装配操作、锻造、铸造等。

（2）SCARA 型平面关节机器人及类 SCARA 机器人。

SCARA 型平面关节机器人具有 3 个互相平行的旋转轴和 1 个线性轴，如图 1-2-13 所示，其应用领域有装货、卸货、焊接、喷漆、包装、固定、涂层、黏结、封装、特种搬运操作、装配等。

图 1-2-12　典型的六轴关节机器人

图 1-2-13　SCARA 型平面关节机器人

类 SCARA 机器人为 SCARA 型平面关节机器人的变形，如图 1-2-14 所示。它依然具有 3 个互相平行的旋转轴和 1 个线性轴，不同点在于类 SCARA 机器人的线性轴作为第 2 轴，而 SCARA 型平面关节机器人的线性轴作为第 4 轴。

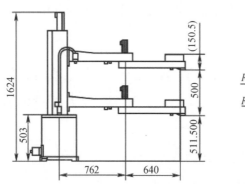
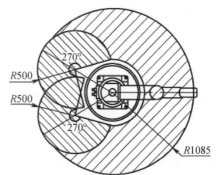

图 1-2-14　类 SCARA 机器人（单位：mm）

目前，国内兴起的类 SCARA 机器人在市场上开始大量使用，主要用于冲压行业，如图 1-2-15 所示。类 SCARA 机器人弥补了 SCARA 型平面关节机器人工作空间小的不足。

（3）四轴码垛机器人。

四轴码垛机器人具有 4 个旋转轴，还具有机械抓手的定位锁紧装置，如图 1-2-16 所示。四轴码垛机器人的应用领域有装货、卸货、包装、特种搬运操作、托盘运输等。

图 1-2-15　类 SCARA 机器人的应用

图 1-2-16　四轴码垛机器人

3．关节机器人的结构和功能

对于六轴关节机器人，如图 1-2-17 所示，J1、J2、J3 为定位关节，六轴关节机器人的腕部位置主要由这 3 个关节决定，称为位置机构；J4、J5、J6 为定向关节，主要用于改变腕部姿态，称为姿态机构。

在了解关节机器人的结构之前，还需要了解关节机器人的正方向。现以 HRS-6 机器人为例，在图 1-2-17 中，J2、J3、J5 关节以"抬起/后仰"为正，以"降下/前倾"为负；J1、J4、J6关节满足右手定则，即拇指沿关节轴线指向关节机器人末端，其他四指方向为关节正方向。

关节机器人的结构由四大部分构成：机身、臂部、腕部和手部，如图 1-2-18 所示。其中，机身又称为立柱，是支撑臂部的部件。关节机器人的机身和臂部的配置形式为基座式机身、屈伸式臂部。

（1）机身的结构和功能。

机身是连接、支撑臂部和行走机构的部件，臂部的驱动装置或传动装置安装在机身上，具有升降、回转和俯仰 3 个自由度。关节机器人主体结构的 3 个自由度均为回转运动，构成关节机器人的回转运动、俯仰运动和偏转运动。通常把回转运动归为关节机器人的机身运动。

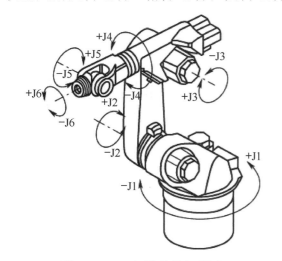

图 1-2-17　六轴关节机器人

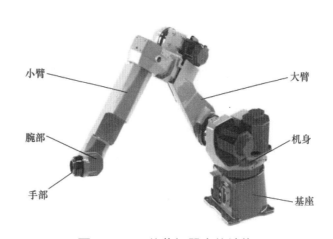

图 1-2-18　关节机器人的结构

（2）臂部的结构和功能。

臂部是连接机身和腕部的部件，用于支撑腕部和手部，以及带动腕部和手部进行空间运动。臂部的结构类型多、受力复杂。

臂部由动力型关节、大臂和小臂组成。关节机器人以臂部各相邻部件的相对角位移为运动坐标，动作灵活、所占空间小、工作范围大，能在狭窄空间内绕过障碍物。

（3）腕部的结构和功能。

腕部是臂部和手部的连接件，起支撑手部和改变手部姿态的作用。关节机器人的腕部结构有 3 种，如图 1-2-19 所示。在这 3 种腕部结构中，RBR 型结构的应用最为广泛，适应于各种工作场合，其他两种结构的应用范围相对较小，如 3R 型结构主要应用在喷涂行业等。

（a）3R 型结构

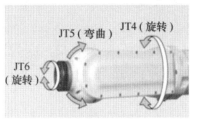

（b）RBR 型结构

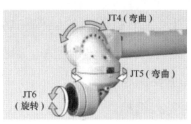

（c）BBR 型结构

图 1-2-19　腕部结构

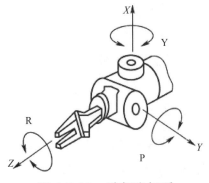

图 1-2-20　腕部坐标系

① 腕部的自由度。

为了使手部能处于空间任意位置，要求腕部能沿空间 3 个坐标轴（X 轴、Y 轴、Z 轴）进行旋转运动，如图 1-2-20 所示，这便是腕部运动的 3 个自由度——偏转 Y（Yaw）、俯仰 P（Pitch）和翻转 R（Roll）。所有的腕部不是都必须具备 3 个自由度的，而是根据实际使用的工作性能要求来确定的。图 1-2-21（a）为腕部的翻转，图 1-2-21（b）为腕部的俯仰，图 1-2-21（c）为腕部的偏转。

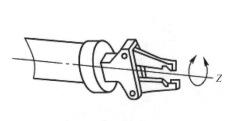

（a）腕部的翻转

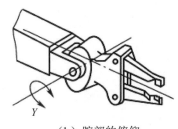

（b）腕部的俯仰

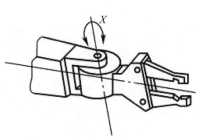

（c）腕部的偏转

图 1-2-21　腕部运动

② 腕部的分类。

A．按自由度划分，腕部可分为单自由度腕部、二自由度腕部和三自由度腕部。

a．单自由度腕部在空间中可具有 3 个自由度，也可以具备以下单一功能。

单一的翻转功能：腕部的关节轴线与臂部的纵轴线共线，回转角度不受结构限制，可以回转 360°以上。翻转功能通过翻转关节（R 关节）来实现，如图 1-2-22（a）所示。

单一的俯仰功能：腕部的关节轴线与臂部和手部的轴线相互垂直，回转角度受结构限制，通常小于 360°。俯仰功能通过折曲关节（B 关节）来实现，如图 1-2-22（b）所示。

单一的偏转功能：腕部的关节轴线与臂部和手部的轴线在另一个方向上相互垂直，回转角度受结构限制，通常小于 360°。偏转功能通过折曲关节（B 关节）来实现，如图 1-2-22（c）所示。

b．二自由度腕部可以由一个 R 关节和一个 B 关节联合构成 BR 关节，如图 1-2-23（a）所示；也可以由两个 B 关节组成 BB 关节，如图 1-2-23（b）所示；但不能由两个 R 关节构成二自由度腕部，因为两个 R 关节的功能是重复的，实际上只起到单自由度的作用，如图 1-2-23（c）所示。

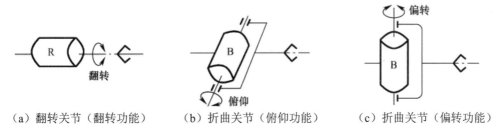

（a）翻转关节（翻转功能）　　（b）折曲关节（俯仰功能）　　（c）折曲关节（偏转功能）

图 1-2-22　单自由度腕部

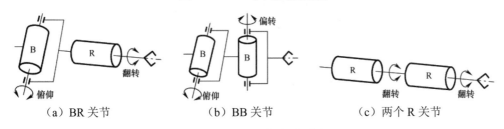

（a）BR 关节　　　　　　　（b）BB 关节　　　　　　（c）两个 R 关节

图 1-2-23　二自由度腕部

c．三自由度腕部。由 R 关节和 B 关节构成的三自由度腕部可以以多种形式实现翻转、俯仰和偏转功能，如图 1-2-24 所示。

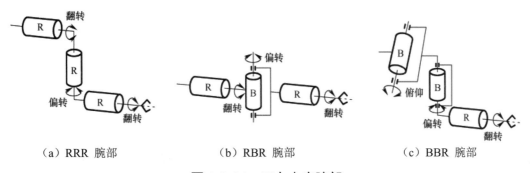

（a）RRR 腕部　　　　　　（b）RBR 腕部　　　　　　（c）BBR 腕部

图 1-2-24　三自由度腕部

B．按驱动方式划分，腕部可分为直接驱动腕部和远距离传动腕部。

a．直接驱动腕部。直接驱动腕部的驱动源直接装在腕部上，如图 1-2-25（图中的 M1～M3 代表驱动电机或液压电机）所示。直接驱动腕部的关键在于能否设计和加工尺寸小、质量轻而驱动扭矩大、驱动性能好的驱动电机或液压电机。

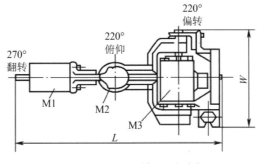

图 1-2-25　直接驱动腕部

b．远距离传动腕部。有时为了保证足够的驱动力，驱动装置不能做得太小，同时为了减轻腕部的质量，常用远距离的驱动方式实现 3 个自由度的运动，如图 1-2-26 所示。

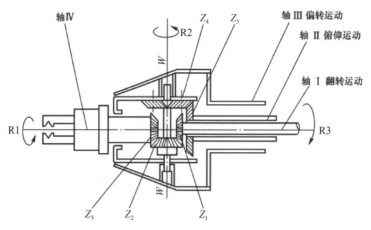

图 1-2-26　远距离传动腕部

（4）手部的结构和功能。

按用途和结构划分，关节机器人的手部可分为机械式夹持器、吸附式执行器和专用工具（如焊枪、喷嘴、电磨头等）3 类。

① 机械式夹持器。

按夹取东西的方式划分，机械式夹持器可分为内撑式夹持器（见图 1-2-27）和外夹式夹持器（见图 1-2-28），两者夹持的部位不同，夹爪动作的方向相反。

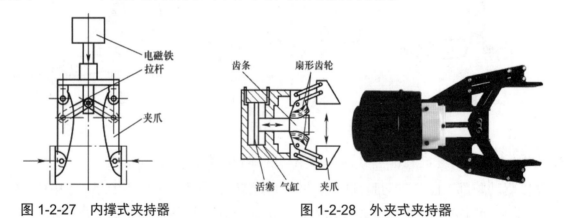

图 1-2-27　内撑式夹持器　　　　　图 1-2-28　外夹式夹持器

② 吸附式执行器。

按吸力划分，吸附式执行器可分为气吸附执行器和磁吸附执行器。

A．气吸附执行器主要是利用吸盘内的压力和大气压之间的压力差进行工作的，根据压力差又分为真空吸盘吸附、气流负压气吸附、挤压排气负压气吸附，如图 1-2-29 所示。

a．真空吸盘吸附是通过连接真空发生装置和气体发生装置来实现抓取与释放工件的，工作时，真空发生装置将吸盘与工件之间的空气吸走以达到真空状态，此时，吸盘内的大气压小于吸盘外的大气压，工件在外部压力的作用下被抓取。

b．气流负压气吸附利用流体力学原理，通过压缩空气（高压）高速流动带走吸盘内的气体（低压），使吸盘内形成负压，利用吸盘内、外压力差完成抓取工件动作；切断压缩空气，随即消除吸盘内的负压，完成释放工件动作。

c．挤压排气负压气吸附是利用吸盘变形和拉杆移动改变吸盘内、外压力来完成对工件的抓取与释放的。

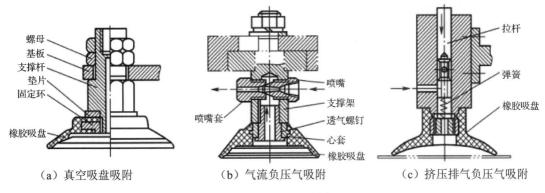

图 1-2-29　气吸附执行器

吸盘的种类繁多，一般分为普通型和特殊型两种。普通型吸盘包括平面吸盘、超平吸盘、椭圆吸盘、波纹管型吸盘和圆形吸盘；特殊型吸盘是为了满足特殊应用场合而设计的，通常可分为专用型吸盘和异型吸盘。特殊型吸盘的结构形状因吸附对象的不同而不同。吸盘的结构对吸附能力有很大的影响，吸盘的材料也对吸附能力有较大的影响。目前，常用的吸盘材料多为丁腈橡胶（NBR）、天然橡胶（NR）和半透明硅胶（SIT5）等。不同结构和材料的吸盘被广泛应用于汽车覆盖件、玻璃板件、金属板材的切割及上下料等场合，适合抓取表面相对光滑、平整、坚硬和微小的材料，具有高效、无污染、定位精度高等优点。

B．磁吸附执行器。磁吸附执行器是利用磁力来抓取工件的。常见的磁力吸盘有永磁吸盘、电磁吸盘、电永磁吸盘等，如图 1-2-30 所示。

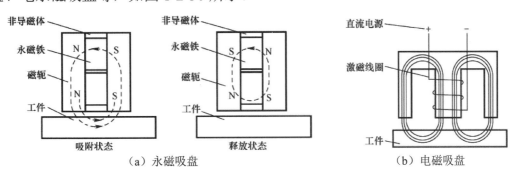

图 1-2-30　磁吸附执行器

a．永磁吸盘是利用磁力线通路的连续性及磁场叠加性进行工作的，一般永磁吸盘（多用钕铁硼作为内核）的磁路为多个磁系，通过磁系之间的相互运动来控制工作磁极面上的磁场强度，进而实现对工件的吸附和释放，如图 1-2-30（a）所示。

b．电磁吸盘在内部激磁线圈通直流电后产生磁力，从而吸附导磁性工件，如图 1-2-30（b）。

c．电永磁吸盘利用永磁铁产生磁力，并利用激磁线圈对吸力大小进行控制，从而起到开、关的作用。电永磁吸盘结合了永磁吸盘和电磁吸盘的优点，应用十分广泛。

电磁吸盘的分类方式多种多样，按形状可分为矩形磁吸盘、圆形磁吸盘；按吸力大小可分为普通磁吸盘和强力磁吸盘等。由上述可知,磁吸附执行器只能吸附对磁产生感应的工件,对要求不能有剩磁的工件无法使用,且磁力受温度影响较大,即在高温下工作的工件也不能使用,故其在使用过程中有一定的局限性。磁吸附执行器适合抓取对精度要求不高且在常温下工作的工件。

③ 专用工具。

工业机器人是一种通用性很强的自动化设备,配上各种专用的末端执行器,可根据作业要求完成各种动作。例如,在通用工业机器人上安装焊枪,它就成为一台焊接机器人;安装拧螺母,它就成为一台装配机器人。目前,有许多由专用电动、气动工具改型而成的操作器,如拧螺母、焊枪、电磨头、电铣头、抛光头、激光切割机等,如图 1-2-31 所示。

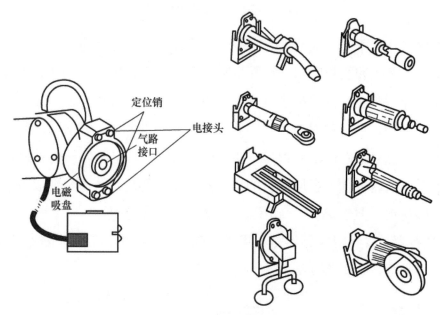

图 1-2-31　专用工具

一、外围设备、工具的准备

为完成工作任务,每个小组需要向工作站的仓库工作人员提供借用工具、设备清单,如表 1-2-2 所示。

表 1-2-2　借用工具、设备清单

容量	名称	数量	借出时间	学生签名	归还时间	学生签名	管理员签名
1							
2							
3							
4							
5							
6							
7							

二、团队分配方案

还等什么？赶快制订工作计划并实施。

任务实施

一、为了更好地完成任务，你可能需要回答以下问题

1. 工业机器人的坐标系包括基坐标系、_____、工具坐标系和_____。

2. 吸附式执行器可分为_____和_____两类。

3. 关节机器人的机械结构由四大部分构成：_____、臂部、_____和手部。

4. 按用途和结构划分，手部可分为_____、_____和_____（如焊枪、喷嘴、电磨头等）3 类。

5. 按压力差划分，气吸附式执行器可分为（　　　）。

① 真空吸盘吸附　　　② 气流负压气吸附　　　③挤压排气负压气吸附

A．①②　　　　　　　B．①③　　　　　　　C．②③　　　　　　　D．①②③

6. SCARA 型平面关节机器人具有的自由度为（　　　）。

A．3 个　　　　　　　B．4 个　　　　　　　C．5 个　　　　　　　D．6 个

7. 手部的位姿是由（　　　）两部分变量构成的。

A．位姿与速度　　　　　　　　　　　B．姿态与位置

C．位置与运动状态　　　　　　　　　D．姿态与速度

8. 在工业机器人中，（　　　）是连接机身和腕部的部件。

A．机身　　　　　　　B．臂部　　　　　　　C．腕部　　　　　　　D．手部

二、工作任务实施

1. 认识工业机器人的构造

工业机器人操作机的基本构造图如图 1-2-32 所示，通过对实物的认识，填写图中各序号表示的部件名称。

1 表示_____，2 表示_____，3 表示_____，

4 表示_____，5 表示_____，6 表示_____，

7 表示_____，8 表示_____，9 表示_____。

图 1-2-32　工业机器人操作机的
基本构造图

2．认识典型工业机器人操作机运动轴的定义

六轴关节机器人操作机有 6 个可活动的关节（运动轴），如图 1-2-33 所示。其中，KUKA 机器人的 6 个轴分别定义为 A1、A2、A3、A4、A5 和 A6；ABB 机器人的 6 个轴分别定义为轴 1、轴 2、轴 3、轴 4、轴 5 和轴 6。通过对实物的认识，填写图中各轴的名称。

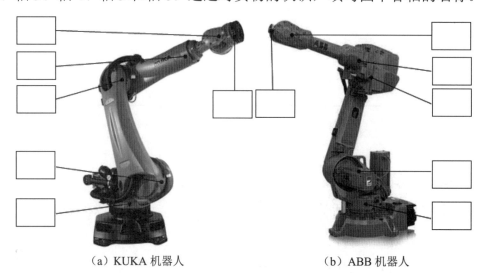

（a）KUKA 机器人　　　　　　（b）ABB 机器人

图 1-2-33　典型工业机器人操作机运动轴的定义

3．在教师的指导下分组进行工业机器人的安装操作练习

安装工业机器人的步骤如下。

（1）基座载荷。

工业机器人的安装方式有地面安装、倒置安装和墙壁安装 3 种。

图 1-2-34 所示为工业机器人的应力方向，它对所有地面安装和墙壁的工业机器人均有效。

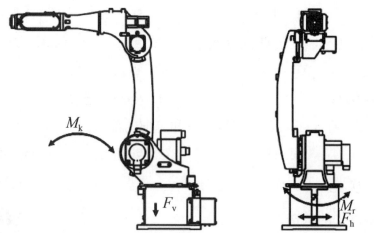

F_v—垂直底座方向作用力；F_h—水平方向作用力；M_k—倾斜弯矩；M_r—绕 A_1 轴线的转矩。

图 1-2-34　工业机器人的应力方向

（2）基座要求。

SA1400/SA1800 机器人对基座的要求如图 1-2-35 所示，用内六角圆柱头螺栓 M16 连接机器人的底座与基座，底板厚度不小于 20mm。

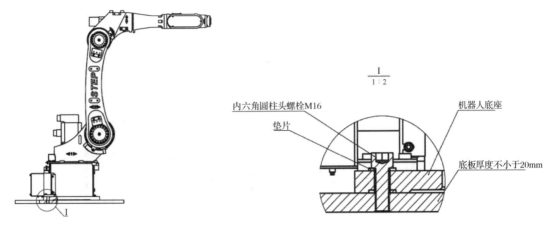

图 1-2-35 SA1400/SA1800 机器人对基座的要求

（3）接口尺寸。

SA1400/SA1800 机器人底座的安装孔尺寸图如图 1-2-36 所示。

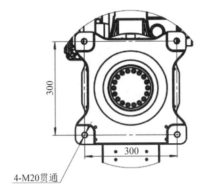

图 1-2-36 SA1400/SA1800 机器人底座的安装孔尺寸图（单位：mm）

SA1400 机器人大臂辅助的安装孔尺寸图如图 1-2-37 所示，SA1800 机器人大臂辅助的安装孔尺寸图如图 1-2-38 所示。

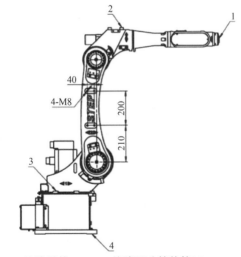

1—工具法兰接口；2—前臂驱动箱体接口；
3—转座接口；4—底座接口。

图 1-2-37 SA1400 机器人大臂辅助的

安装孔尺寸图（单位：mm）

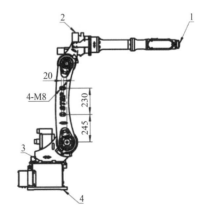

1—工具法兰接口；2—前臂驱动箱体接口；
3—转座接口；4—底座接口。

图 1-2-38 SA1800 机器人大臂辅助的

安装孔尺寸图（单位：mm）

SA1400 机器人前臂驱动箱体及转座辅助的安装孔尺寸图如图 1-2-39 所示，SA1800 机器人前臂驱动箱体及转座辅助的安装孔尺寸图如图 1-2-40 所示。

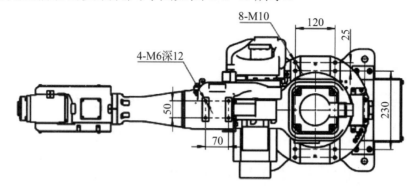

图 1-2-39　SA1400 机器人前臂驱动箱体及转座辅助的安装孔尺寸图（单位：mm）

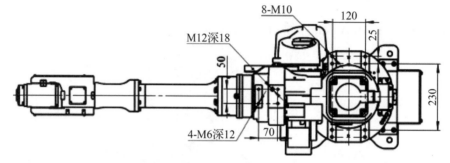

图 1-2-40　SA1800 机器人前臂驱动箱体及转座辅助的安装孔尺寸图（单位：mm）

SA1400 机器人工具法兰的安装尺寸图如图 1-2-41 所示，SA1800 机器人工具法兰的安装尺寸图如图 1-2-42 所示。

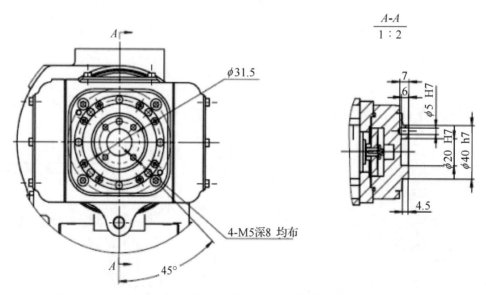

图 1-2-41　SA1400 机器人工具法兰的安装尺寸图（单位：mm）

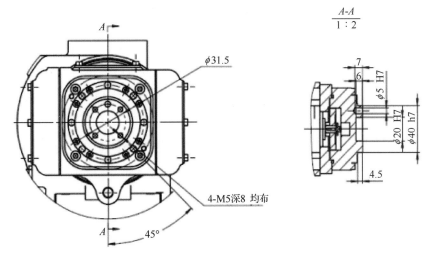

图 1-2-42　SA1800 机器人工具法兰的安装尺寸图（单位：mm）

在进行工业机器人安装操作练习的过程中遇到了哪些问题？是如何解决的？请记录在表 1-2-3 中。

表 1-2-3　工业机器人安装操作练习情况记录

遇到的问题	解决方法

完成后，请仔细检查，客观评价，及时反馈。

任务评价

一、成果展示

各小组派代表上台总结在完成任务的过程中学会了哪些技能，发现错误后如何改正，并在教师的监护下进行示范操作。

二、学生自我评估与总结

_____

_____ 。

三、小组评估与总结

_____

_____ 。

四、教师评估与总结

_____

_____。

五、各小组对工作岗位的"6S"处理

在各小组成员都完成工作任务总结后，必须对自己的工作岗位进行"6S"处理，并归还所借的工具和实习工件。

六、评价表

工业机器人的机械结构及安装评价表如表 1-2-4 所示。

表 1-2-4　工业机器人的机械结构及安装评价表

班级：_____　　小组：_____　　姓名：_____			指导教师：_____　　日期：_____				
评价项目	评价标准	评价依据	评价方式			权重	得分小计
			学生自评（20%）	小组互评（30%）	教师评价（50%）		
职业素养	1. 遵守企业规章制度、劳动纪律 2. 按时按质完成工作任务 3. 积极主动承担工作任务，勤学好问 4. 人身安全与设备安全 5. 工作岗位"6S"完成情况	1. 出勤 2. 工作态度 3. 劳动纪律 4. 团队协作精神				0.3	
专业能力	1. 了解工业机器人的系统组成 2. 掌握工业机器人结构运动简图 3. 掌握关节机器人的机身、臂部、腕部、手部的特点和功能 4. 进行机器人的安装	1. 操作的准确性和规范性 2. 工作页或项目技术总结完成情况 3. 专业技能任务完成情况				0.5	
创新能力	1. 在任务完成过程中能提出具有一定见解的方案 2. 在教学或生产管理上提出建议，具有创新性	1. 方案的可行性和意义 2. 建议的可行性				0.2	
合计							

巩固与提高

1. 描述六轴关节机器人的自由度。

2. 简述磁吸附执行器的工作原理。

任务 3　工业机器人的拆卸

◇ 知识目标：

1. 掌握六轴关节机器人整体拆卸的基本步骤和方法。

2. 掌握六轴关节机器人整体模块化拆卸的基本步骤和方法。

3. 掌握六轴关节机器人电机轴拆卸的基本步骤和方法。

◇ 能力目标：

1. 进行六轴关节机器人整体的拆卸。

2. 进行六轴关节机器人整体模块化的拆卸。

3. 进行六轴关节机器人电机轴的拆卸。

通过学习，掌握六轴关节机器人整体拆卸与整体模块化拆卸的基本步骤和方法，并根据要求完成对六轴关节机器人的拆卸。

一、六轴关节机器人整体拆卸的基本步骤及方法

整体拆卸的主要顺序为从六轴关节机器人末端向底座拆卸，拆卸后根据部件标注编号放入对应部件存储处，具体步骤如下。

（1）拆卸小臂侧盖，为拆卸小臂内的伺服电机创造拆卸空间。将拆卸的小臂侧盖（见图 1-3-1）和螺钉存放在对应的编号处。

（2）拆卸小臂对应的 J5 轴、J6 轴的伺服电源线（注意：不要损坏伺服电机、电机线路接头）。

（3）拆卸 J6 轴的 M4 螺钉，把螺钉放在对应的编号处；取下 J6 轴电机组并放在对应的编号处。这样就完成了 J6 轴组合的拆卸工作，如图 1-3-2 所示。

（4）如图 1-3-3 所示，拧松 J5 轴伺服电机上的螺钉并拔出，取出 J5 轴同步带、J5 轴电机组、J5 轴电机板，并分别放在对应的编号处（注意：严禁划伤同步带、损伤电机线缆）。

（5）如图 1-3-4 所示，拧松 J5 轴支撑套上的 M4 螺钉，通过顶丝把支撑套顶出，并分别放入对应的编号处。

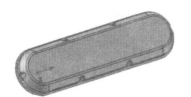

图 1-3-1　小臂侧盖

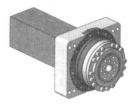

图 1-3-2　J6 轴组合

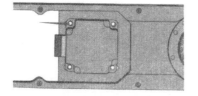

图 1-3-3　J5 轴电机组合

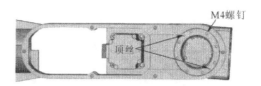

图 1-3-4　J5 轴支撑套

（6）如图 1-3-5 所示，通过加长六角扳手将腕部连接体的 M4 螺钉拆卸下来，稍微用力扳动腕部连接体，让其连接处的密封胶脱落。

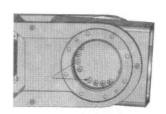

图 1-3-5　腕部松动

（7）拧下 J5 轴减速器上的螺钉，取下 J5 轴减速器组合（见图 1-3-6）和腕部（见图 1-3-7），并分别放入对应的编号处，便完成了腕部的拆卸任务。

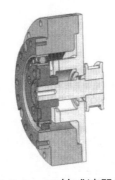

图 1-3-6　J5 轴减速器组合

图 1-3-7　J5 轴腕部

【操作提示】

　　A. 严禁用力敲打减速器。

　　B. 防止异物进入减速器内部。

（8）先拆下电机座后盖（见图 1-3-8），并放入对应的编号处，再将电机线缆从 J4 轴减速器的轴孔中取出。

（9）如图 1-3-9 所示，拧下 J4 轴电机座上的螺钉，取下 J4 轴带轮盖，拧下 J4 轴伺服电机上的螺钉，取下 J4 轴电机组合（见图 1-3-10），并分别放到对应的编号处。

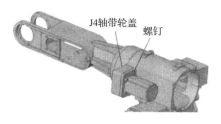

J4轴带轮盖　螺钉

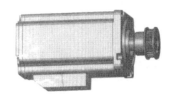

图 1-3-8　电机座后盖　　　　图 1-3-9　拆卸 J4 轴电机组合　　　　图 1-3-10　J4 轴电机组合

（10）如图 1-3-11 所示，用卡簧钳取下挡圈，用六角扳手拧下 J4 轴减速器外套上的螺钉；拧下连接小臂和减速器的螺钉，并取下小臂和 J4 轴减速器外套。

（11）如图 1-3-12 所示，拧下 J4 轴减速器上的螺钉，取下 J4 轴减速器（见图 1-3-13），并轻放于对应的编号处。这样便完成了小臂的拆卸任务。

挡圈　减速器　小臂

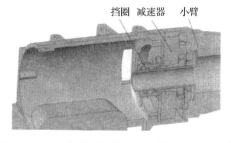

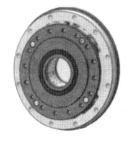

图 1-3-11　拆卸小臂和 J4 轴减速器外套　　图 1-3-12　J4 轴减速器的拆卸　　图 1-3-13　J4 轴减速器

【操作提示】

　　A. 拆卸时严禁用力敲打减速器。

　　B. 严禁碰撞减速器。

（12）取下电机座侧盖，并放在对应的编号处（在取电机座侧盖时，注意不要将电机线缆弄坏）；拧下 J3 轴伺服电机上的螺钉，小心地取下伺服电机并放在对应的编号处，如图 1-3-14 所示。

（13）如图 1-3-15 所示，拧下 M10 螺钉，取下 J3-J4 轴电机座，并放在 J3-J4 轴固定座上。

图 1-3-14　J3 轴伺服电机的拆卸　　　　图 1-3-15　拆卸 J3-J4 轴电机座

【操作提示】

　　减速器内部装有油，在取下电机座时，注意不要让油流出。

（14）在 J3-J4 轴固定座上，拧下减速器外壳固定在电机座上的螺钉，取下 J3 轴减速器并放在对应的编号处，如图 1-3-16 所示。这样便完成了工业机器人电机座的拆卸工作。

【操作提示】

　　A. 减速器表面有大块油脂清理带，少量的油脂保留在减速器上面，即将减速器带油脂保存。

　　B. 严禁用力触碰或用金属物件敲打减速器。

（15）拧下大臂与转座的减速器螺钉，拆卸大臂，并把大臂放在桌面上。

（16）拧下 J2 轴伺服电机上的螺钉，取下伺服电机和减速器输入轴，并放在对应的编码处。拧下固定在转座上的 J2 轴减速器的螺钉，取下 J2 轴减速器（见图 1-3-17），完成大臂的拆卸任务。

图 1-3-16　拆卸 J3 轴减速器

图 1-3-17　J2 轴减速器

【操作提示】

　　A. 减速器表面有大块油脂清理带，少量的油脂保留在减速器上面，即将减速器带油脂保存。

　　B. 严禁用力触碰或用金属物件敲打减速器。

（17）取下工业机器人底座（见图 1-3-18）上的航空插线板，并把本体的线存放在对应的编号处。

（18）拧下 J1 轴伺服电机上的螺钉，取下 J1 轴伺服电机；用悬臂吊吊起转座后运输到装配台上，拧下 J1 轴减速器上的螺钉，取下 J1 轴减速器。吊装方式如图 1-3-19 所示。

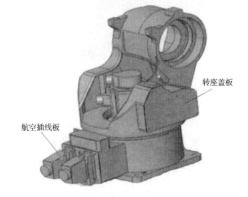

转座盖板

航空插线板

图 1-3-18　工业机器人底座

图 1-3-19　吊装方式

【操作提示】

> A. 用卸扣连接吊运环和吊运带。
>
> B. 让吊运带穿过底座。
>
> C. 平行吊运到装配台上。
>
> D. 取下吊运带和卸扣。

（19）拧下底座螺钉，把底座搬运到悬臂吊处，用塑料袋把底座封好，防止粉尘落到减速器的安装面上。

二、工业机器人整体模块化拆卸的基本步骤和方法

工业机器人整体模块化拆卸过程与工业机器人整体拆卸过程基本相同，不同的是，工业机器人整体模块化拆卸是指在每个模块上拆卸部件，而不是在整体上进行拆卸，具体步骤如下。

1. J1-J2 轴拆卸的基本步骤和方法

（1）用内六角扳手拧下 J2 轴减速器上的 M8 螺钉，先取出伺服电机，再取下传动轴，最后带油脂存入保存袋，如图 1-3-20 所示。

（2）先拧下 J2 轴减速器上的螺钉，再取下 J2 轴减速器并带油脂存入 J2 轴保存袋中。

（3）先用内六角扳手拧下 J1 轴减速器上的 M8 螺钉，再取出伺服电机，最后取下传动轴并带油脂存入保存袋。

（4）先用活动扳手将安装在铁板底座上的 4 个 M12 螺钉拧下，再通过悬臂吊把底座吊到装配台上，如图 1-3-21 所示。

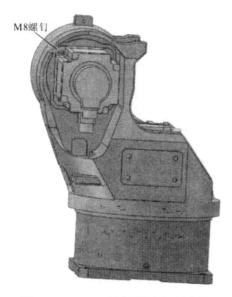

图 1-3-20　J2 轴伺服电机的拆卸

图 1-3-21　底座的吊装

（5）拆掉底座，并将它把存放在悬臂吊处。

（6）拧下 J1 轴减速器上的 M8 螺钉，取下 J1 轴减速器，并存放在相应的位置，完成 J1-J2 轴的拆卸任务。

2．J3-J4 轴拆卸的基本步骤和方法

（1）用内六角扳手拧下 J3 轴减速器上的 M8 螺钉，先取出 J3 轴伺服电机（见图 1-3-22），再取下传动轴并带油脂存入保存袋。

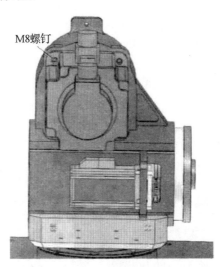

图 1-3-22　J3 轴伺服电机

（2）拧下 J3 轴减速器上的螺钉，取下 J3 轴减速器并带油脂存入 J3 轴保存袋中。

（3）如图 1-3-23 所示，拧下 J4 轴伺服电机上的 M4 螺钉，取下传动带与电机组合并存入保存袋。

（4）拧下 J4 轴减速器上的 M5 螺钉并放入相应的螺钉盒中，先取下 J4 轴减速器（见图 1-3-24），再分解减速器和传动带轮并存入相应的保存袋。这样便完成了 J3-J4 轴的基本拆卸任务。

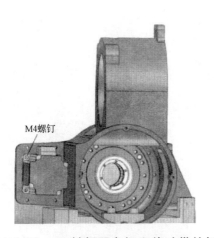

图 1-3-23　J4 轴伺服电机和传动带的拆卸

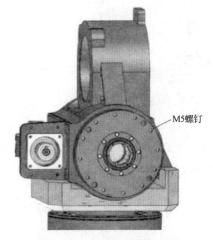

图 1-3-24　J4 轴减速器的拆卸

3．J5-J6 轴拆卸的基本步骤和方法

（1）在切断伺服电机电源的情况下，取下相应的电源线，先拧下腕部连接盖上的 M4 螺钉，再取下 J6 轴电机组合（见图 1-3-25）。

（2）拧下 J5 轴伺服电机连接板上的螺钉，取下传动带和 J5 轴电机组合并存放在相应的位置。

（3）拧下 J5 轴支撑套上的 M4 螺钉，用顶丝顶出 J5 轴支撑套，如图 1-3-26 所示，并存入相应的保存袋。

（4）拧下腕部连接处的 M4 螺钉，轻轻转动腕部，让密封胶脱落，如图 1-3-27 所示。注意防止润滑油溢出。

（5）先把取出腕部后剩下的 J5 轴减速器上的 M3 螺钉拧下，如图 1-3-28 所示；再取下减速器组合和腕部；最后拆分腕部的轴承并存入相应的保存袋。这样便完成了 J5-J6 轴的拆卸任务。

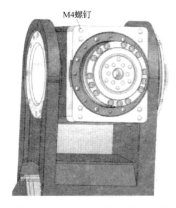

图 1-3-25　J6 轴电机组合

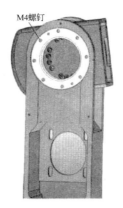

图 1-3-26　拆卸 J5 轴支撑套

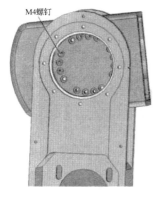

图 1-3-27　松动腕部

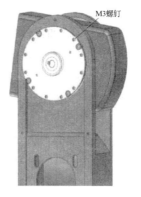

图 1-3-28　腕部拆卸

任务准备

一、外围设备、工具的准备

为完成工作任务，每个小组需要向工作站内的仓库工作人员提供借用工具、设备清单，如表 1-3-1 所示。

表 1-3-1　借用工具、设备清单

容量	名称	数量	借出时间	学生签名	归还时间	学生签名	管理员签名
1							
2							
3							

容量	名称	数量	借出时间	学生签名	归还时间	学生签名	管理员签名
4							
5							
6							
7							

二、团队分配方案

还等什么？赶快制订工作计划并实施。

任务实施

一、为了更好地完成任务，你可能需要回答以下问题

1. 简述拆卸 J4 轴减速器和 J5 轴减速器的注意事项。

2. 简述在拆卸 J1 轴减速器时进行悬臂吊吊装的注意事项。

二、工作任务实施

1. 六轴关节机器人的整体拆卸

根据现有的六轴关节机器人，查阅相关资料，按照六轴关节机器人整体拆卸的基本步骤和方法完成机器人的整体拆卸。

在进行六轴关节机器人整体拆卸操作的练习过程中遇到了哪些问题？是如何解决的？请记录在表 1-3-2 中。

表 1-3-2 六轴关节机器人整体拆卸操作练习情况记录

遇到的问题	解决方法

2. 六轴关节机器人的整体模块化拆卸

根据现有的六轴关节机器人，查阅相关资料，按照六轴关节机器人整体模块化拆卸的基本步骤和方法完成机器人的整体模块化拆卸。

在进行六轴关节机器人整体模块化拆卸操作的练习过程中遇到了哪些问题？是如何解决的？请记录在表1-3-3中。

表 1-3-3　六轴关节机器人整体模块化拆卸操作练习情况记录

遇到的问题	解决方法

完成后，请仔细检查，客观评价，及时反馈。

任务评价

一、成果展示

各小组派代表上台总结在完成任务的过程中学会了哪些技能，发现错误后如何改正，并在教师的监护下进行示范操作。

二、学生自我评估与总结

_____

_____。

三、小组评估与总结

_____

_____。

四、教师评估与总结

_____

_____。

五、各小组对工作岗位的"6S"处理

在各小组成员都完成工作任务总结后，必须对自己的工作岗位进行"6S"处理，并归还所借的工具和实习工件。

六、评价表

工业机器人的拆卸评价表如表1-3-4所示。

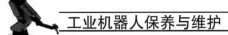

表 1-3-4　工业机器人的拆卸评价表

班级：_____　　　　指导教师：_____
小组：_____　　　　日期：_____
姓名：_____

评价项目	评价标准	评价依据	评价方式			权重	得分小计
			学生自评（20%）	小组互评（30%）	教师评价（50%）		
职业素养	1. 遵守企业规章制度、劳动纪律 2. 按时按质完成工作任务 3. 积极主动承担工作任务，勤学好问 4. 人身安全与设备安全 5. 工作岗位"6S"完成情况	1. 出勤 2. 工作态度 3. 劳动纪律 4. 团队协作精神				0.3	
专业能力	1.掌握六轴关节机器人整体拆卸的方法和步骤 2.掌握六轴关节机器人整体模块化拆卸的方法和步骤 3. 进行六轴关节机器人整体的拆卸 4. 进行六轴关节机器人整体模块的拆卸 5. 进行六轴关节机器人电机轴的拆卸	1. 操作的准确性和规范性 2. 工作页或项目技术总结的完成情况 3. 专业技能任务的完成情况				0.5	
创新能力	1.在任务完成过程中提出具有一定见解的方案 2. 在教学或生产管理上提出建议，具有创新性	1. 方案的可行性和意义 2. 建议的可行性				0.2	
合计							

任务4　工业机器人的装配

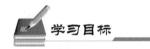　学习目标

◇ 知识目标：

1. 了解谐波减速器的工作原理。

2. 了解吊装的安全操作规程。

3. 了解预制式力矩扳手的特点。

4. 了解减速器的日常保养方法。

5. 掌握工业机器人整体模块化装配的基本步骤和方法。

◇ 能力目标：

1. 进行六轴关节机器人谐波减速器的安装。

2. 进行六轴关节机器人整体模块化的装配。

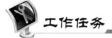

工业机器人整体模块化装配是在工业机器人整体拆卸完成后，基于散件装配完成的工作。六轴关节机器人总装图如图 1-4-1 所示。通过学习掌握六轴关节机器人整体模块化装配的基本步骤和方法，根据要求完成六轴关节机器人整体的装配。

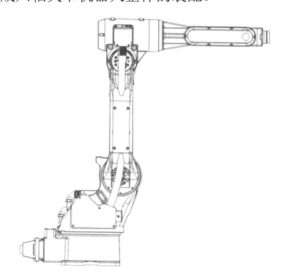

图 1-4-1　六轴关节机器人总装图

一、谐波减速器

1. 谐波减速器概述

谐波减速器是一种由固定的内齿刚轮、柔轮和使柔轮发生径向变形的波发生器组成的减速器，具有高精度、高承载力等优点。与普通减速器相比，由于谐波减速器使用的材料少了 50%，因此其体积和质量至少减少了 1/3。

2. 谐波减速器的传动原理

谐波传动是利用柔性元件可控的弹性变形来传递运动和动力的。

谐波传动包括 3 个基本构件：波发生器、柔轮、刚轮。这3 个基本构件可任意固定一个，其余两个一个为主动件、一个为从动件，既可实现减速或增速（固定传动比），又可变换成两个输入、一个输出，从而形成差动传动。谐波减速器的传动原理如图 1-4-2 所示。

当刚轮固定，且波发生器为主动件、柔轮为从动件时，柔轮在椭圆凸轮作用下产生变形，波发生器长轴两端处的柔轮轮齿与刚轮轮齿完全啮合，波发生器短轴两端处的柔轮轮齿与刚轮轮齿完全脱开。在波发生器长轴与短轴区间，柔轮轮齿

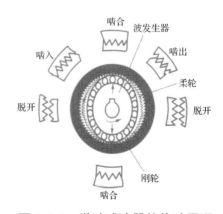

图 1-4-2　谐波减速器的传动原理

与刚轮轮齿有的处于半啮合状态，称为啮入；有的逐渐退出啮合，处于半脱开状态，称为啮出。波发生器的连续转动使得啮入、完全啮合、啮出、完全脱开4种情况依次发生，不断循环。由于柔轮比刚轮的齿数少2，因此当波发生器转动一周时，柔轮向相反方向转过2个齿的角度，从而实现大的减速比。

3．谐波减速器的优点和缺点

（1）优点。

① 谐波减速器的结构简单、体积小、质量轻。

② 谐波减速器的传动比大，传动比区间也大。单级谐波减速器的传动比为50～300，双级谐波减速器的传动比为3000～60000，复级谐波减速器的传动比为100～140000。

③ 由于同时啮合的齿数多，齿面相对滑动速度较低，所以谐波减速器的承载能力强，传动平稳且精度高，噪声低。

④ 谐波减速器传动的回差较小，齿侧间隙可以调整，甚至可实现零齿侧间隙传动。

⑤ 谐波减速器在采用如电磁波发生器或圆盘波发生器时可获得较小的转动惯量。

⑥ 谐波齿轮传动可以向密封空间传递运动和动力，采用密封柔轮谐波传动减速装置可以驱动工作在高真空、有腐蚀性及其他有害介质空间的机构。

⑦ 谐波减速器的传动效率较高，并且在传动比很大的情况下仍具有较高的传动效率。

（2）缺点。

① 柔轮会发生周期性变形，工作情况恶劣，从而易发生疲劳损坏。

② 柔轮和波发生器的制造难度较大，需要专门设备，给单件生产和维修造成困难。

③ 谐波减速器传动比的下限值大，齿数也不能太少，当波发生器为主动件时，传动比一般不能小于35。

④ 谐波减速器的启动力矩大。

4．谐波减速器安装注意事项

（1）谐波减速器必须在足够清洁的环境下安装，且安装过程中不能有任何异物进入其内部，以免造成其损坏。

（2）确认谐波减速器齿面和柔性轴承部分始终保持充分润滑。不建议齿面始终朝上使用，因为这样会影响润滑效果。

（3）安装凸轮后，确认柔轮与刚轮的啮合是180º对称的，如果偏向一边，那么会引起振动并使柔轮很快损坏。

（4）安装完成后先低速（100r/min）运行，如果有异常振动或响声，就立即停止，避免因安装不正确造成谐波减速器损坏。

5．谐波减速器的安装

（1）六轴关节机器人谐波减速器的安装。

六轴关节机器人谐波减速器的安装如图 1-4-3 所示。

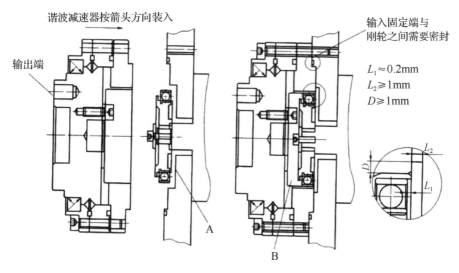

图 1-4-3　六轴关节机器人谐波减速器的安装

① 在柔性轴承上均匀涂抹润滑脂。在图 1-4-3 中的 A 处腔体内注满润滑脂（应使用指定的润滑脂，勿随意更换，以免造成谐波减速器损坏），将波发生器装在输入固定端电机轴或连接轴上，用螺钉加平垫圈连接固定。

② 先在柔轮内壁均匀涂抹一层润滑脂，然后在柔轮空间 B 处注入润滑脂，注入量大约为柔轮腔体的 60%；将谐波减速器按如图 1-4-3 所示的方向装入，装入时，波发生器长轴对准谐波减速器柔轮的长轴方向，到位后用对应的螺钉将谐波减速器固定，螺钉的预紧力矩为 0.5N·m。

③ 将电机转速设定为 100r/min 左右，启动电机，螺钉以十字交叉的方式锁紧，如图 1-4-4 所示。经 4～5 次均等递增至螺钉对应的紧固力矩（见表 1-4-1）。所有连接固定的螺钉性能等级都必须为 12.9 级并涂上乐奉 243 螺钉胶，防止螺钉紧固失败或在工作中松脱。

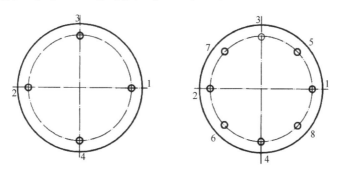

图 1-4-4　螺钉锁紧方式

表 1-4-1　螺钉紧固力矩（螺钉性能等级必须为 12.9 级）

螺纹公称直径/mm	力矩/（N·m）
3	2
4	4
5	9

工业机器人保养与维护

续表

螺纹公称直径/mm	力矩/（N·m）
6	15
8	35
10	70
12	125

④ 与谐波减速器连接固定的安装平面加工要求：平面度为 0.01mm，与轴线的垂直度为 0.01mm，螺纹孔或通孔与轴线的同心度为 0.1mm。

【操作提示】

在使用谐波减速器时，如果输出端始终水平朝下（不建议这样使用），那么柔轮内壁空间注入的润滑脂应超过啮合齿面（A 和 B 空间必须注满润滑脂）。谐波减速器刚轮与输入固定端安装平面之间应采用静态密封的方式，以保证谐波减速器在使用过程中润滑脂不泄漏，避免谐波减速器在少油或无油工作条件下损坏。

（2）J4 轴、J5 轴的安装。

J4 轴、J5 轴的安装如图 1-4-5 所示。

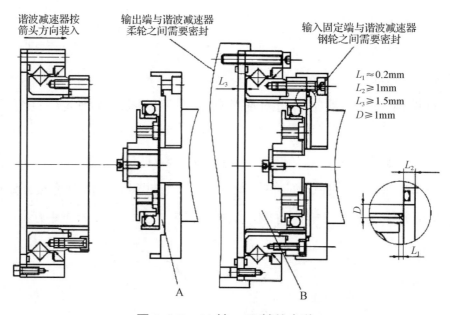

图 1-4-5　J4 轴、J5 轴的安装

二、吊装作业

1. 吊装作业分级

吊装作业按吊装重物的质量分为 3 级：当吊装重物的质量大于 80t（1t=1000kg）时，为一级吊装作业；当吊装重物的质量大于或等于 40t 且小于或等于 80t 时，为二级吊装作业；当吊装重物的质量小于 40t 时，为三级吊装作业。

2. 吊装作业分类

吊装作业按吊装作业级别分为 3 类：一级吊装作业为大型吊装作业；二级吊装作业为中型

吊装作业；三级吊装作业为一般吊装作业。

3．吊装作业的安全要求

（1）吊装作业人员必须持有特殊工种作业证。吊装质量大于 10t 的重物应办理吊装安全作业证。

（2）吊装质量大于或等于 40t 的重物和土建工程主体结构，应编制吊装施工方案。如果吊装重物质量不足 40t，但其形状复杂、刚度小、长径比大、精密、贵重，而且施工条件特殊，那么也应编制吊装施工方案。吊装施工方案经施工主管部门和安全技术部门审查，报主管厂长或总工程师批准后方可实施。

（3）在进行各种吊装作业前，应预先在吊装现场设置安全警示标志并设专人监护，非施工人员禁止入内。

（4）吊装作业时，夜间应有足够的照明；室外作业遇到大雪、暴雨、大雾和 6 级以上大风天气时，应停止作业。

（5）吊装作业人员必须戴安全帽，安全帽应符合 GB 2811—2019 的规定；高处作业时应遵守 AQ 3025—2008 的规定。

（6）在进行吊装作业前，应对起重吊装设备、钢丝绳、缆风绳、链条、吊钩等各种机具进行检查，必须保证其安全可靠，不准带故障和隐患使用。

（7）吊装作业时，必须分工明确、坚守岗位，并按 GB/T 5082—2019 规定的联络信号统一指挥。

（8）在进行吊装作业时，严禁将管道、管架、电杆、机电设备等作为吊装锚点。未经机动、建筑部门审查核算，不得将建筑物、构筑物作为吊装锚点。

（9）在进行吊装作业前，必须对各种起重吊装机械的运行部位、安全装置，以及吊具、索具进行详细的安全检查，吊装设备的安全装置应灵敏可靠。在进行吊装作业前，还必须进行试吊，确认无误后方可作业。

（10）任何人不得随同吊装重物或吊装机械升降；在特殊情况下，必须随之升降的，应采取可靠的安全措施，并经现场指挥人员批准。

（11）如果吊装作业现场需要动火，则应遵守 AQ 3022—2008 的规定。吊装作业现场的绳索、缆风绳、拖拉绳等应避免同带电线路接触，并保持安全距离。

（12）在用定型起重吊装机械（履带吊车、轮胎吊车、桥式吊车等）进行吊装作业时，还应遵守该定型超重吊装机械的操作规程。

（13）在进行吊装作业时，必须按规定负荷进行吊装，吊具、索具经计算后选择使用，严禁超负荷运行。当所吊重物接近或达到额定起重吊装能力时，应检查制动器，先用低高度、短行程试吊，再平稳吊起。

（14）悬吊重物下方严禁人员站立、通行和工作。

（15）在进行吊装作业时，有下列情况之一者不准吊装。

① 指挥信号不明。

② 超负荷或重物质量不明。

③ 斜拉重物。

④ 光线不足，看不清重物。

⑤ 重物下站人。

⑥ 重物埋在地下。

⑦ 重物紧固不牢，绳打结、绳不齐。

⑧ 棱刃重物没有衬垫措施。

⑨ 重物越人头。

⑩ 安全装置失灵。

（16）必须按吊装安全作业证上填报的内容作业，严禁涂改、转借吊装安全作业证，以及变更作业内容、扩大作业范围或转移作业部位。

（17）对于审批手续不全、安全措施不落实、作业环境不符合安全要求的吊装作业，作业人员有权拒绝作业。

三、预制式力矩扳手

预制式力矩扳手如图 1-4-6 所示。

图 1-4-6　预制式力矩扳手

1. 特点

（1）预制式力矩扳手具有预设力矩数值和声响装置。当紧固件的紧固力矩达到预设力矩数值时，预制式力矩扳手能自动发出"咔嗒"声，同时伴有明显的手感振动，提示工作完成。解除作用力后，预制式力矩扳手的各相关零件能自动复位。

（2）预制式力矩扳手能切换两种方向。拨转棘轮转向开关，预制式力矩扳手可逆时针方向加力。

（3）预制式力矩扳手米制和英制双刻度线，以及手柄微分刻度线，读数清晰、准确。

（4）预制式力矩扳手由合金钢材料锻制，紧固耐用，寿命长。

（5）预制式力矩扳手的精确度符合 ISO 6789:2017 的规定。

2．使用方法

（1）根据工件所需力矩值要求确定预设力矩数值。

（2）在确定预设力矩数值时，将预设力矩扳手手柄上的锁定环下拉，同时转动手柄，调节标尺主刻度线和微分刻度线数值至所需力矩值；调节好后，松开锁定环，手柄自动锁定。

（3）在预制式力矩扳手方榫上装上效应规格套筒，并套住紧固件，在手柄上缓慢用力。在施加外力时，必须按标明的箭头方向进行。当预制式力矩扳手拧紧到发出"咔嗒"声（已达到预设力矩数值）时，停止加力，一次作业完毕。

（4）在使用大规格预制式力矩扳手时，可外加接长套杆，以便操作省力。

（5）如果预制式力矩扳手长期不用，则需要调节标尺刻度线至力矩最小数值处。

四、工业机器人整体模块化装配的基本步骤和方法

1．J1 轴装配的基本步骤和方法

（1）把 J1 轴减速器通过 M8 螺钉（12.9 级）固定在转座上，如图 1-4-7 所示。先呈等边三角形插入螺钉，再通过预制式力矩扳手呈等边三角形将螺钉拧紧，力矩为(37.2±1.86)N·m。

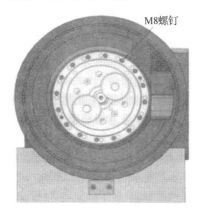

图 1-4-7　J1 轴减速器的装配

【操作提示】

　A．勿忘记套上减速器上的密封圈。

　B．在拆卸谐波减速器时，使用专用的一次性手套。

（2）将传动轴套入减速器中，用手转动减速器，检查减速器是否能转动。

（3）如图 1-4-8 所示，在 A 处圆形区域均匀地涂抹密封胶。

（4）在装配桌上，把 J1 轴减速器的传动轴安装在对应的伺服电机上，并把装配好的伺服电机安装在转座上，先预紧螺钉，再用预制式力矩扳手对角锁紧伺服电机。

（5）把 J1 轴的伺服电机的电源线和编码器线分别接通，接通电源，打开示教器，通过示教器低速测试减速器是否转动。

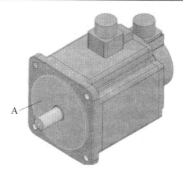

图1-4-8　涂抹密封胶1

【操作提示】

　　A. 减速器转动应顺畅，无卡滞抖动现象。

　　B. 在减速器断电后连接编码器线和电源线。

　　（6）通过听诊器检查减速器在转动时是否有"咔咔"的声音，若有明显的声音，则立即暂停减速器的转动，并关掉电源，检查装配问题。

　　（7）如果装配没问题，那么即可进行J1轴运动演示。至此，完成了J1轴伺服电机和减速器的装配工作。

【操作提示】

　　A. 装配过程中要注意安全。

　　B. 装配过程中应保持零件干净、表面无杂质。

　　C. 严禁用力敲打和碰撞减速器。

　　D. 在装配密封圈时，严禁用力拉扯和划伤密封圈。

2．J2轴装配的基本步骤和方法

　　（1）把J2轴减速器输出轴通过M8螺钉（12.9级）固定在转座上，如图1-4-9所示。先呈等边三角形插入螺钉，再通过预制式力矩扳手呈等边三角形将螺钉拧紧，力矩为$(37.2\pm1.86)\text{N·m}$。

　　（2）将传动轴套入减速器中，用手转动减速器，检查减速器是否能转动。

　　（3）如图1-4-10所示，在A处圆形区域均匀地涂抹密封胶。

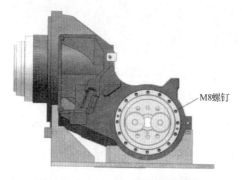

图1-4-9　J2轴减速器的装配

图1-4-10　涂抹密封胶2

（4）在装配桌上，把 J2 轴减速器的传动轴安装在对应的伺服电机上，把装配好的伺服电机安装在转座上，先预紧螺钉，再用预制式力矩扳手对角锁紧伺服电机，如图 1-4-11 所示。

（5）把 J2 轴伺服电机的电源线和编码器线分别接通，接通电源，打开示教器，通过示教器低速测试减速器是否转动，若转动，则可进行下一步工作；若不转动，则检查装配情况。

（6）通过听诊器检查减速器在转动时是否有"咔咔"的声音，若有明显的声音，则立即暂停减速器的转动，并关掉电源，检查装配情况。

（7）在减速器上按对角方向拧进定位销，把底座放到微调机构上，调整好底座的位置，让底座固定孔与减速器轴端安装孔同轴心，如图 1-4-12 所示。

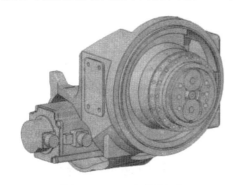

图 1-4-11　电机转座

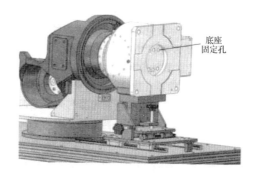

图 1-4-12　底座及转座调整

（8）先按对角方向预紧螺钉，再通过预制式力矩扳手将其拧紧，力矩为(204.8±10.2)N·m。

（9）把装配好的组合体通过悬臂吊吊至机器人安装位置，并固定好螺钉；连接编码器线和电源线，接通电源，测试 J2 轴减速器与底座安装是否正确。悬臂吊吊运方式：从底座穿出吊运带，用卸扣把吊运带和吊运环连接起来。

【操作提示】

> 吊运时定位销一定要拧紧；吊运带不能套在工装上面，不能让工装从滑块上滑出。

【操作提示】

> A. 装配过程中要注意安全。
> B. 装配过程中应保持零件干净、表面无杂质。
> C. 严禁用力敲打和碰撞减速器。
> D. 装配密封圈时严禁用力拉扯和划伤密封圈。

3. J3 轴装配的基本步骤和方法

J3 轴的装配如图 1-4-13 所示。

（1）把 J3 轴电机转座放到装配桌的 J3-J4 轴装配台上，通过 M8 螺钉把电机转座固定在装配台上。

（2）把 J3 轴减速器输出轴通过 M8 螺钉（12.9 级）固定在电机转座上，先插入螺钉，再通过预制式力矩扳手将螺钉拧紧，力矩为(37.2±1.86)N·m。

（3）用手转动 J3 轴减速器，检查减速器是否能转动。

（4）在装配桌上，把 J3 轴减速器的传动轴安装在对应的伺服电机上，并把装配好的伺服电机安装在电机转座上，先预紧螺钉，再用预制式力矩扳手对角锁紧伺服电机。

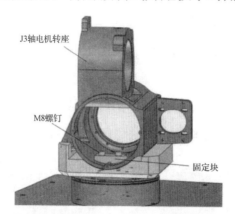

J3轴电机转座

M8螺钉

固定块

图 1-4-13　J3 轴的装配

（5）把 J3 轴伺服电机的电源线和编码器线分别接通，接通电源，打开示教器，通过示教器低速测试减速器是否转动。

（6）通过听诊器检查减速器是否有"咔咔"的声音，若有明显的声音，则立即暂停减速器的转动，并关掉电源，检查装配情况。

（7）若减速器无转动杂音，则完成 J3 轴的装配任务。

4．J4 轴装配的基本步骤和方法

（1）取出 J4 轴减速器，把 J4 轴带轮通过 M3 螺钉安装在 J4 轴减速器上，如图 1-4-14 所示。

（2）把 J4 轴减速器连接法兰通过 M5 螺钉（12.9 级）固定在转座上，先预紧螺钉，再用预制式力矩扳手按顺时针方向间隔拧紧螺钉，最后按顺时针方向拧紧剩余螺钉（见图 1-4-15、图 1-4-16）。注意：通过预制式力矩扳手呈等边三角形拧紧，力矩为 9N·m。

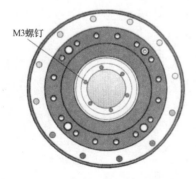

M3螺钉

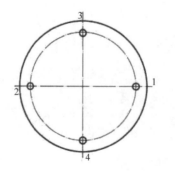

图 1-4-14　J4 轴减速器带轮的安装　　　　　图 1-4-15　螺钉拧紧方式

（3）电气控制柜预先给 J4 轴伺服电机安装好传动带，并把 J4 轴与 J4 轴伺服电机固定在 J4 轴转座上，预紧螺钉。在传动带静止状态下（安装在带轮上），用手压传动带张紧侧，若传动带下沉 20～30mm，则说明传动带松紧度合适，之后拧紧螺钉，如图 1-4-17 所示。

（4）把 J4 轴伺服电机的电源线和编码器线分别接通，低速测试减速器是否转动。

（5）通过听诊器检查减速器在转动时是否有"咔咔"的声音，若有明显的声音，则立即暂停减速器的转动，并关掉电源，检查装配情况。

（6）若减速器转动无杂音，则完成 J4 轴的装配任务。

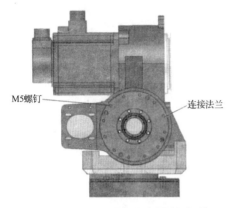

图 1-4-16　J4 轴减速器的安装

图 1-4-17　J4 轴伺服电机的安装

5. J5-J6 轴装配体装配的基本步骤和方法

（1）用 M5 螺钉把小臂固定在 J5-J6 轴安装盘中，如图 1-4-18 所示。

（2）把轴（61812）压入腕部轴承孔中，如图 1-4-19 所示。

图 1-4-18　小臂的安装

图 1-4-19　腕部轴承的安装

【操作提示】

严禁用力敲打内圈；在安装内圈轴时，严禁用力敲打轴承外圈。

（3）给 J5 轴减速器均匀涂抹密封胶，注意不要涂抹到谐波发生器的轴上，以防密封胶进入轴承，使减速器损坏，如图 1-4-20 所示。

（4）把腕部放入小臂中，把减速器组合压入小臂的轴承孔中，如图 1-4-21 所示。

（5）先预紧 M3 螺钉，再通过预制式力矩扳手沿对角线方向拧紧 M3 螺钉，力矩为 2N·m，如图 1-4-22 所示。

（6）压入 J5 轴支撑套，先预紧 M4 螺钉，再通过预制式力矩扳手沿对角线方向拧紧 M4 螺钉，力矩为 4N·m，如图 1-4-23 所示。轻轻扳动腕部连接体，检查减速器是否有杂音，若有明显的杂音，则立即暂停减速器的转动，并检查装配情况。

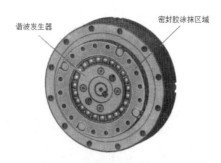

图 1-4-20　给 J5 轴减速器涂抹密封胶

图 1-4-21　将腕部放入小臂中

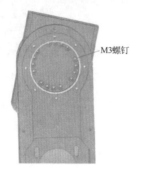

图 1-4-22　将腕部拧紧

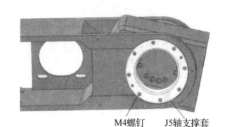

图 1-4-23　装入 J5 轴支撑套

（7）把 J5 轴电机板放入小臂的安装孔中，背面用 M4 螺钉锁紧，在两带轮间安装传动带，如图 1-4-24 所示。检查传动带松紧的方法：检查传动带的张力，这时可用拇指用力按压两个带轮之间的传动带，压力约为 100N，若传动带的压下量在 10mm 左右，则认为传动带的张力恰好合适；若传动带的压下量过大，则认为传动带张力不足；若传动带几乎没有压下量，则认为传动带的张力过大。如果传动带安装不正确，则容易发生各种传动故障，具体表现为当张力不足时，传动带容易打滑；当张力过大时，容易损伤各种辅机的轴承。因此，应该先把相关的调整螺母或螺钉拧松，再把传动带的张力调整到最佳状态。如果是新传动带，那么可认为当其压下量为 7～8mm 时，传动带张力恰好合适。

（8）把 J5 轴伺服电机的电源线和编码器线分别接通，低速测试减速器是否转动。减速器的转动过程应顺畅、无振动现象。

（9）通过听诊器检查减速器在转动时是否有杂音，若有明显的声音，则立即暂停减速器的转动，并关掉电源，检查装配情况。

（10）将 J6 轴电机组合安装于腕部中，拧入 M4 螺钉并预紧，通过预制式力矩扳手沿对角线方向锁紧 M4 螺钉，力矩为 4N·m，如图 1-4-25 所示。

（11）把 J6 轴伺服电机的电源线和编码器线分别接通，低速测试减速器是否转动。

（12）通过听诊器检查减速器在转动时是否有杂音，若有明显的声音，则立即暂停减速器的转动，并关掉电源，检查装配情况。若无装配问题，则完成 J5-J6 轴装配体的装配任务。

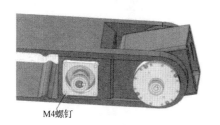

图 1-4-24　J5 轴电机板的安装

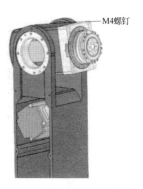

图 1-4-25　J6 轴伺服电机组合的安装

五、工业机器人整体装配的基本步骤和方法

工业机器人整体装配的过程基本上是整体拆卸的逆过程。工业机器人的装配是从底座依次装配至末端的，具体步骤如下。

（1）先在装配桌上完成 J1 轴、J2 轴的装配；再用悬臂吊调 J1-J2 轴装配体到工业机器人的安装位置；然后预紧 M12 螺钉；最后用预制式力矩扳手沿对角线方向将螺钉锁紧，力矩为 204.8 N·m。这就完成了 J1-J2 轴装配体的装配，如图 1-4-26 所示。

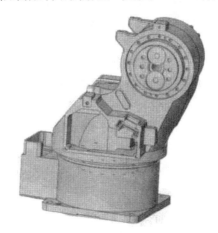

图 1-4-26　J1-J2 轴装配体的装配

（2）安装工业机器人大臂。一个人把大臂对准 J2 轴减速器的轴端安装孔，另一个人先预紧减速器的螺钉，再通过预制式力矩扳手沿对角线方向锁紧，力矩为(128.4±6.37)N·m。解除电源抱闸线，转动大臂，要求转动顺畅且无卡滞现象，同时减速器声音正常，无异常声音。这就完成了工业机器人大臂的装配工作，如图 1-4-27 所示。

（3）把 J3 轴伺服电机、减速器安装在 J3 轴电机转座上。

（4）将 J3 轴减速器输出孔与工业机器人大臂连接法兰的轴孔对齐，拧入螺钉并预紧，通过预制式力矩扳手沿对角线方向拧紧，力矩为(37.2±1.86)N·m。这就完成了 J3-J4 轴装配体电机转座的初步装配任务。

（5）在安装好电机转座后，在机器人本体上安装 J4 轴减速器、J4 轴伺服电机组合，如图 1-4-28 所示。

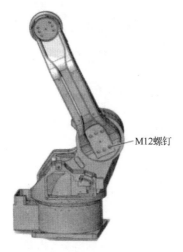

图 1-4-27　安装工业机器人大臂

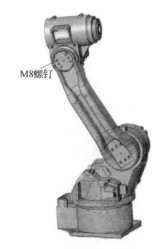

图 1-4-28　J3-J4 轴装配体的装配

（6）在装配桌上完成 J5-J6 轴装配体的装配。在 J5 轴、J6 轴装配好后，将 J5-J6 轴装配体平放在装配桌上，随后把 J4 轴减速器内套固定在 J5-J6 轴装配体上，如图 1-4-29 所示。

（7）把 J4 轴减速器外套套在 J4 轴减速器上，随后把装配好的 J5-J6 轴装配体安装在 J4 轴减速器的轴孔中，并预紧 M5 螺钉，通过预制式力矩扳手沿对角线方向拧紧，力矩为 $(9.01\pm0.94)N\cdot m$。这就完成了 J5-J6 轴装配体安装在整机上的工作任务，如图 1-4-30 所示。

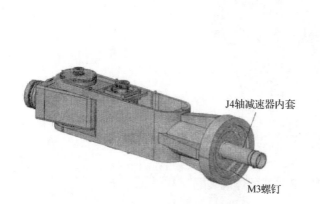

图 1-4-29　J4 轴减速器内套的装配

图 1-4-30　J5-J6 轴装配体的装配

（8）将轴承（61807）压入 J4 轴减速器内套中，并用卡簧钳将挡圈卡入槽内，如图 1-4-31 所示。

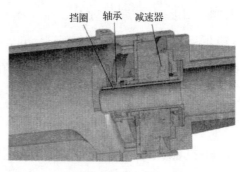

图 1-4-31　J4 轴减速器轴承（61807）的安装

（9）连接工业机器人全部的电源线和编码器线，进行整机实验，检查减速器在转动时是否存在异响、转动是否顺畅。如果减速器在转动时存在异响或晃动程度过大，就立刻停止试机。

（10）在试机测试中，如果没有问题，就装配好剩余的所有零件，打扫场地，完成工业机器人整机的装配工作。

（11）为减速器加润滑脂。J4 轴、J5 轴、J6 轴减速器没有拆卸，并且自带润滑脂，因此不需要加入润滑脂，只需在减速器中加入足够的润滑脂即可。

① 在黄油枪中加入 NABTESCO 减速器专用润滑脂。打开 J1 轴注油口和出油口螺钉孔，通过 J1 轴注油口注入 400mL 润滑脂，之后在螺钉上缠绕合适的生料带，将其拧入螺钉孔中。

② 清理机器人上滴落的润滑脂。

③ J2 轴、J3 轴减速器同样加入润滑脂，J2 轴减速器加入润滑脂的量为 400mL，J3 轴减速器加入润滑脂的量为 360mL。

任务准备

一、外围设备、工具的准备

为完成工作任务，各小组需要向工作站内的仓库工作人员提供借用工具、设备清单，如表 1-4-1 所示。

表 1-4-1　借用工具、设备清单

容量	名称	数量	借出时间	学生签名	归还时间	学生签名	管理员签名
1							
2							
3							
4							
5							
6							
7							

二、团队分配方案

还等什么？赶快制订工作计划并实施。

任务实施

一、为了更好地完成任务,你可能需要回答以下问题

1. 简述 J1 轴装配的基本步骤和方法。

2. 简述预制式力矩扳手的使用方法。

二、工作任务实施

1. J1 轴的装配

(1)装配步骤和注意事项。

J1 轴的装配如表 1-4-2 所示。

表 1-4-2　J1 轴的装配

步骤	装配内容	配合及连接方法	装配要求
1	将 J1 轴减速器安装在底座上	螺钉连接	同轴度 ϕ 0.01mm
2	将 J1 轴伺服电机与 J1 轴减速器装配	间隙配合	同轴度 ϕ 0.01mm
3	将 J1 轴伺服电机安装在转座上	螺钉连接	灵活转动

(2)检测。

J1 轴的检测如表 1-4-3 所示。

表 1-4-3　J1 轴的检测

步骤	检测内容	检测要点	检测结果	装配体会
1	将 J1 轴减速器安装在底座上	同轴度		
2	将 J1 轴伺服电机与 J1 轴减速器装配	同轴度		
3	将 J1 轴伺服电机安装在转座上	灵活转动		

在 J1 轴的装配过程中遇到了哪些问题?是如何解决的?请记录在表 1-4-4 中。

表 1-4-4　J1 轴的装配情况记录

遇到的问题	解决方法

2．J2 轴的装配

（1）装配步骤和注意事项。

J2 轴的装配如表 1-4-5 所示。

表 1-4-5　J2 轴的装配

步骤	装配内容	配合及连接方法	装配要求
1	将 J2 轴减速器安装在转座上	螺钉连接	同轴度 ϕ0.01mm
2	将 J2 轴伺服电机与 J2 轴减速器装配	间隙配合	同轴度 ϕ0.01mm
3	将 J2 轴伺服电机安装在对应转座上	螺钉连接	灵活转动

（2）检测。

J2 轴的检测如表 1-4-6 所示。

表 1-4-6　J2 轴的检测

步骤	检测内容	检测要点	检测结果	装配体会
1	将 J2 轴减速器安装在转座上	同轴度		
2	将 J2 轴伺服电机与 J2 轴减速器装配	同轴度		
3	将 J2 轴伺服电机安装在对应转座上	灵活转动		

在 J2 轴的装配过程中遇到了哪些问题？是如何解决的？请记录在表 1-4-7 中。

表 1-4-7　J2 轴的装配情况记录

遇到的问题	解决方法

3．J3 轴的装配

（1）装配步骤和注意事项。

J3 轴的装配如表 1-4-8 所示。

表 1-4-8　J3 轴的装配

步骤	装配内容	配合及连接方法	装配要求
1	将 J3 轴减速器安装在对应转座上	螺钉连接	同轴度 ϕ0.01mm
2	将 J3 轴伺服电机与 J3 轴减速器装配	间隙配合	同轴度 ϕ0.01mm
3	将 J3 轴伺服电机安装在对应转座上	螺钉连接	灵活转动

（2）检测。

J3 轴的检测如表 1-4-9 所示。

表 1-4-9　J3 轴的检测

步骤	检测内容	检测要点	检测结果	装配体会
1	将 J3 轴减速器安装在底座上	同轴度		
2	将 J3 轴伺服电机与 J3 轴减速器装配	同轴度		
3	将 J3 轴伺服电机安装在对应转座上	灵活转动		

在 J3 轴的装配过程中遇到了哪些问题？是如何解决的？请记录在表 1-4-10 中。

表 1-4-10　J3 轴的装配情况记录

遇到的问题	解决方法

4．J4 轴的装配

（1）装配步骤和注意事项。

J4 轴的装配如表 1-4-11 所示。

表 1-4-11　J4 轴的装配

步骤	装配内容	配合及连接方法	注意事项
1	将 J4 轴大带轮安装在 J4 轴减速器上	螺钉连接	连接牢固
2	将 J4 轴减速器连接法兰固定在转座上	螺钉连接	连接牢固
3	将 J4 轴电机板（上好传动带）与伺服电机固定在 J3 轴转座上	螺钉连接	连接牢固

（2）检测。

J4 轴的检测如表 1-4-12 所示。

表 1-4-12　J4 轴的检测

步骤	检测内容	检测要点	检测结果	装配体会
1	将 J4 轴大带轮安装在 J4 轴减速器上	连接是否牢固可靠		
2	将 J4 轴减速器连接法兰固定在转座上	连接是否牢固可靠		
3	将 J4 轴电机板（上好传动带）与伺服电机固定在 J3 轴转座上	连接是否牢固可靠		

在 J4 轴的装配过程中遇到了哪些问题？是如何解决的？请记录在表 1-4-13 中。

表 1-4-13　J4 的轴装配情况记录

遇到的问题	解决方法

5．J5轴、J6轴的装配

（1）装配步骤和注意事项。

J5轴、J6轴的装配如表1-4-14所示。

表1-4-14 J5轴、J6轴的装配

步骤	装配内容	配合及连接方法	注意事项
1	安装腕部轴承	过盈配合	严禁强力敲打
2	连接腕部与手臂	螺钉连接	灵活转动
3	安装传动带	带轮连接	传动带张力适中
4	将J6轴电机组合安装到腕部	螺钉连接	—

（2）检测。

J5轴、J6轴的检测如表1-4-15所示。

表1-4-15 J5轴、J6轴的检测

步骤	检测内容	检测要点	检测结果	装配体会
1	腕部轴承的安装	灵活转动		
2	腕部与手臂的连接	灵活转动		
3	安装传动带	压力约为100N，压下量在10mm左右		
4	将J6轴电机组合安装到腕部上	灵活转动		

在J5轴、J6轴的装配过程中遇到了哪些问题？是如何解决的？请记录在表1-4-16中。

表1-4-16 J5轴、J6轴的装配情况记录

遇到的问题	解决方法

完成后，请仔细检查，客观评价，及时反馈。

任务评价

一、成果展示

各小组派代表上台总结在完成任务的过程中学会了哪些技能，发现错误后如何改正，并在教师的监护下进行示范操作。

二、学生自我评估与总结

三、小组评估与总结

_____

_____ 。

四、教师评估与总结

_____

_____ 。

五、各小组对工作岗位的 "6S" 处理

在各小组成员都完成工作任务总结后，必须对自己的工作岗位进行 "6S" 处理，并归还所借的工具和实习工件。

六、评价表

工业机器人的装配评价表如表 1-4-17 所示。

表 1-4-17　工业机器人的装配评价表

班级：_____ 小组：_____ 姓名：_____		指导教师：_____ 日期：_____					
评价 项目	评价标准	评价依据	评价方式			权重	得分 小计
			学生 自评 （20%）	小组 互评 （30%）	教师 评价 （50%）		
职业 素养	1. 遵守企业规章制度、劳动纪律 2. 按时按质完成工作任务 3. 积极主动承担工作任务，勤学好问 4. 人身安全与设备安全 5. 工作岗位 "6S" 完成情况	1. 出勤 2. 工作态度 3. 劳动纪律 4. 团队协作精神				0.3	
专业 能力	1. 掌握工业机器人整体装配的基本步骤和方法 2. 进行工业机器人整体的装配 3. 进行工业机器人整体的检测	1. 操作的准确性和规范性 2. 工作页或项目技术总结的完成情况 3. 专业技能任务的完成情况				0.5	
创新 能力	1. 在任务完成过程中能提出具有一定见解的方案 2. 在教学或生产管理上提出建议，具有创新性	1. 方案的可行性和意义 2. 建议的可行性				0.2	
合计							

巩固与提高

1. 简述谐波减速器的传动原理。

2．谐波减速器的优点和缺点有哪些？

3．按吊装作业级别划分，吊装作业可分为哪 3 类？

4．工业机器人在装配过程中，哪些部分需要调整同轴度？

5．工业机器人在装配过程中，哪些部分需要调整平行度？

项目二

工业机器人的电气安装

任务1 认识工业机器人电气控制系统

◇ 知识目标：

1. 掌握工业机器人电气控制系统的组成。

2. 掌握伺服控制系统、PLC 控制系统、继电控制系统的作用。

3. 掌握主要控制元件在控制系统中的作用。

4. 掌握主要控制元件在控制系统中的供电标准。

5. 掌握闭环控制原理。

◇ 能力目标：

1. 认识工业机器人电气控制系统。

2. 识别工业机器人电气控制系统中的元件。

通过学习，对工业机器人电气控制系统进行整体认识，认识工业机器人电气控制系统中的各元件，理解其在电气控制系统中的作用，掌握各元件间的控制关系与逻辑关系，并进行工业机器人电气控制系统的元件识别。

一、工业机器人电气控制系统的构成

工业机器人电气控制系统主要由 IPC 单元、示教器、PLC 单元、伺服驱动器等组成。下面主要以华数 HSR-JR608 型工业机器人为例进行说明。工业机器人电气控制系统的基本组成如图 2-1-1 所示。

由图 2-1-1 可知，IPC 单元、PLC 单元和伺服驱动器通过 NCUC 总线连接在一起，并以此完成相互之间的通信工作。IPC 单元是整个总线系统的主站，PLC 单元与伺服驱动器是从站。NCUC 总线从 IPC 单元的 PORT0 口开始，连接第一个从站的 IN 口，再将从第一个从站的 OUT 口出来的信号接入下个一从站的 IN 口，依次类推，逐个相连，把各从站串联起来，将从最后一个从站的 OUT 口出来的信号连接到主站 IPC 单元的 PORT3 口上，完成 NCUC 总线的连接。

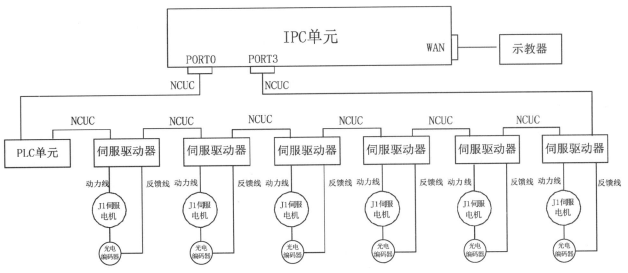

图 2-1-1　工业机器人电气控制系统的基本组成

1．IPC 单元

IPC 单元是工业机器人的运算控制系统。工业机器人运动中的点位控制、轨迹控制、手爪空间位置与姿态控制等都由 IPC 单元发布控制命令。IPC 单元由微处理器、存储器、总线、外围接口组成。IPC 单元通过总线把控制命令发送给伺服驱动器，也通过总线收集伺服电机的运行反馈信息，通过反馈信息修正工业机器人的运动。IPC 单元的外观如图 2-1-2 所示。

2．示教器

示教器是工业机器人的人机交互系统。通过示教器，操作人员可对工业机器人发布控制命令、编写控制程序、查看工业机器人的运动状态、进行程序管理。示教器的外观如图 2-1-3 所示。

示教器的额定工作电压为 DC 24V，通常由开关单元供电。

图 2-1-2　IPC 单元的外观

图 2-1-3　示教器的外观

3．PLC 单元

PLC（可编程控制器）单元是一种专为在工业环境下应用而设计的数字运算操作电子系统。PLC 单元通过 PLC 执行逻辑运算、顺序控制、定时、计数和算术运算等操作指令，并通过数字式、模拟式的输入和输出控制各种类型的机械设备与生产过程。

PLC 单元是工业机器人电气控制系统中非常重要的运算系统，主要完成与开关量运算有关的一些控制要求，如工业机器人急停的控制、手爪的抓持与松开、与外围设备的协同工作等。

在工业机器人电气控制系统中，IPC 单元和 PLC 单元协调配合，共同完成工业机器人的控制。PLC 单元的额定工作电压为 DC 24V，通常由开关单元供电。PLC 单元的外观如图 2-1-4 所示。

4．伺服驱动器

伺服驱动器接收来自 IPC 单元的进给指令，这些指令经驱动装置变换和放大后转变成伺服电机进给的转速、转向与转角信号，从而带动机械结构按照指定要求准确运动。因此，伺服驱动器是 IPC 单元与工业机器人的联系环节。

HSV-160U 伺服驱动器的额定工作电压是三相 AC 220V，而在企业中，动力电源是三相交流 380V，这就需要伺服变压器把三相 AC 380V 的电源变成三相 AC 220V，从而为伺服驱动器供电。伺服驱动器的外观如图 2-1-5 所示。

图 2-1-4　PLC 单元的外观

图 2-1-5　伺服驱动器的外观

5．伺服电机

伺服电机将伺服驱动器的输出转变为机械运动，与伺服驱动器一起构成伺服控制系统，该系统是 IPC 单元和工业机器人传动部件的联系环节。伺服电机可分为直流伺服电机和交流伺服电机，应用最多的是交流伺服电机。

伺服电机由伺服驱动器供电，伺服驱动器提供的电能是一种电压、电流、频率随指令变化的电能。伺服电机的外观如图 2-1-6 所示。

6．光电编码器

闭环控制是提高工业机器人电气控制系统运动精度的重要手段，而位置检测传感器则是构成闭环控制必不可少的重要元件。位置检测传感器对控制对象的实际位置进行检测，并将位置信息传送给运动控制器，运动控制器将指令信息与反馈信息进行比较并得出差值，利用差值对控制目标进行修调。

光电编码器在工业机器人电气控制系统中用于检测伺服电机的转角、转速和转向信号，该信号将反馈给伺服驱动器和 IPC 单元，在伺服驱动器内部进行速度控制，在 IPC 单元内部进行转角控制。光电编码器的外观如图 2-1-7 所示。

图 2-1-6　伺服电机的外观

图 2-1-7　光电编码器的外观

二、工业机器人电气控制柜控制系统

1. 伺服控制系统

伺服控制系统是一种能够跟踪输入指令信号进行动作，从而获得精确的位置、速度和动力输出的自动控制系统。例如，防空雷达控制就是一个典型的伺服控制过程，它以空中的目标为输入指令，雷达天线要一直跟踪目标，从而为地面炮台提供目标方位；加工中心的机械制造过程也是伺服控制过程，位置检测传感器不断地将刀具进给的位移传送给计算机，通过与加工位置目标进行比较，由计算机输出继续加工或停止加工的控制信号。

在工业机器人电气控制系统中，由 IPC 单元、伺服驱动器、伺服电机和光电编码器构成伺服控制系统。在伺服控制系统中，IPC 单元作为控制核心，负责发出控制指令，该指令被伺服驱动器接收，之后驱动伺服电机按照指令要求运动。伺服电机的运动情况由光电编码器进行检测，并将检测结果反馈给伺服驱动器和 IPC 单元，用于修正给定的指令。这个过程一直持续到误差信息为零。

2. PLC 控制系统

PLC 控制系统主要完成开关量的控制工作，其控制内容包括急停处理、限位保护、各轴的抱闸等。

工业机器人通常不是单独完成某些工作的，而是通过与其他自动化设备组成工业控制系统来完成具体的工作的。在组成工业控制系统的过程中，需要 PLC 与外部设备进行通信，使工业机器人与外部设备协同工作。

3. 继电控制系统

继电控制系统是利用具有继电特性的元件进行控制的自动控制系统。所谓继电特性，就是指在输入信号的作用下，输出仅为通、断状态的特性，因此，继电控制也称为通断控制。随着PLC 的发展，继电控制系统在工业机器人电气控制系统中逐步被 PLC 取代，但是 PLC 至今也无法代替继电控制系统。

任务准备

一、外围设备、工具的准备

为完成工作任务，各小组需要向工作站内的仓库工作人员提供借用工具、设备清单，如表 2-1-1 所示。

表 2-1-1　借用工具、设备清单

容量	名称	数量	借出时间	学生签名	归还时间	学生签名	管理员签名
1							
2							
3							
4							
5							
6							
7							

二、团队分配方案

还等什么？赶快制订工作计划并实施。

任务实施

一、为了更好地完成任务，你可能需要回答以下问题

1. 工业机器人电气控制系统主要由_____单元、_____、_____单元、_____ 驱动器等组成。

2. IPC 单元、PLC 单元和伺服驱动器通过_____总线连接在一起，并以此完成相互之间的通信工作。_____单元是整个总线系统的主站，_____单元与伺服驱动器是从站。

3. IPC 单元是工业机器人的_____控制系统。工业机器人运动中的点位控制、_____ 控制、手爪空间位置与_____控制等都由 IPC 单元发布控制命令。

4. PLC 单元是工业机器人电气控制系统中非常重要的_____系统，主要完成与_____量运算有关的一些控制要求，如工业机器人急停的控制、手爪的抓持与松开、与外围设备的协同工作等。

5. 伺服驱动器接收来自_____单元的进给指令，这些指令经_____装置变换和放大后

转变成伺服电机进给的转速、转向与_____信号，从而带动机械结构按照指定要求准确运动。

6. 伺服电机由伺服驱动器供电，伺服驱动器提供的电能是一种电压、电流、频率随_____变化的电能。

7. 闭环控制是提高工业机器人电气控制系统_____精度的重要手段，而_____检测传感器是构成闭环控制必不可少的重要元件。

8. 光电编码器在工业机器人电气控制系统中用于检测伺服电机的_____、_____和转向信号，该信号将反馈给伺服驱动器和 IPC 单元，在伺服驱动器内部进行_____控制，在 IPC 单元内部进行_____控制。

二、工作任务实施

1. 认识工业机器人电气控制系统（以 ABB IRC5 为例）

ABB IRC5 工业机器人电气控制柜的组成及其作用如表 2-1-2 所示。

表 2-1-2　ABB IRC5 工业机器人电气控制柜的组成及其作用

序号	名称	图示	作用
1	主计算机		用于存放系统和数据
2	串口测量板、D652 I/O 板		控制单元主板与 I/O LINK 设备的连接控制单元、主板与串行主轴和伺服电机的连接、控制单元 I/O 板与显示单元的连接
3	I/O 电源板		给 I/O 板提供电源
4	电源分配板		给工业机器人各轴的运动提供电源

续表

序号	名称	图示	作用
5	轴计算机		每个工业机器人轴的转数计算
6	安全面板		在电气控制柜正常工作时,安全面板上的所有指示灯点亮,急停按钮从这里接入
7	电容		充电和放电是电容的基本功能。此电容用于工业机器人关闭电源后,先保存数据再断电,相当于延时断电功能
8	工业机器人6轴的驱动器		用于驱动工业机器人各轴的伺服电机
9	工业机器人和电气控制柜上的动力线		—
10	连接伺服电机、清枪器和焊机的3根线		—

续表

序号	名称	图示	作用
11	SMB 线		两根 SMB 线一根接在工业机器人上，另一根接在外部轴上。SMB 服务器信息块协议是一种 IBM 协议，用于在计算机间共享文件、打印机、串口等。一旦连接成功，客户机可发送 SMB 命令到服务器，使客户机能够访问共享目录、打开文件、读/写文件，以及完成一切在文件系统上能做的事情
12	跟踪板		用于采集焊接坡口和工件的高度，变换信号，从而对焊枪位置进行检测
13	外部轴上的电源盒		—

2. 认识工业机器人电气控制柜外部接口和按钮

工业机器人电气控制柜外部接口示意图如图 2-1-8 所示，查阅资料，将外部接口和按钮的名称填入表 2-1-3 中。

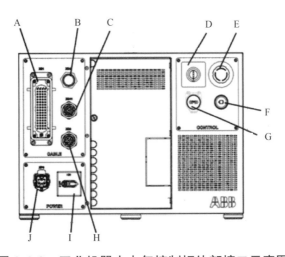

图 2-1-8　工业机器人电气控制柜外部接口示意图

表 2-1-3　工业机器人电气控制柜外部接口和按钮的名称

序号	外部接口和按钮的名称	序号	外部接口和按钮的名称
A		F	
B		G	
C		H	
D		I	
E		J	

完成后，请仔细检查，客观评价，及时反馈。

任务评价

一、成果展示

各小组派代表上台总结在完成任务的过程中学会了哪些技能，发现错误后如何改正，并在教师的监护下进行示范操作。

二、学生自我评估与总结

_____
_____。

三、小组评估与总结

_____
_____。

四、教师评估与总结

_____
_____。

五、各小组对工作岗位的"6S"处理

在各小组成员都完成工作任务总结后，必须对自己的工作岗位进行"6S"处理，并归还所借的工具和实习工件。

六、评价表

认识工业机器人电气控制系统评价表如表 2-1-4 所示。

表2-1-4　认识工业机器人电气控制系统评价表

评价项目	评价标准	评价依据	评价方式			权重	得分小计
			学生自评（20%）	小组互评（30%）	教师评价（50%）		

班级：_____　　指导教师：_____
小组：_____
姓名：_____　　日期：_____

评价项目	评价标准	评价依据	学生自评（20%）	小组互评（30%）	教师评价（50%）	权重	得分小计
职业素养	1. 遵守企业规章制度、劳动纪律 2. 按时按质完成工作任务 3. 积极主动承担工作任务，勤学好问 4. 人身安全与设备安全 5. 工作岗位"6S"完成情况	1. 出勤 2. 工作态度 3. 劳动纪律 4. 团队协作精神				0.3	
专业能力	1. 认识工业机器人电气控制系统的组成 2. 分辨工业机器人电气控制系统的硬件 3. 分辨工业机器人电气控制柜外部接口和按钮	1. 操作的准确性和规范性 2. 工作页或项目技术总结的完成情况 3. 专业技能任务的完成情况				0.5	
创新能力	1. 在任务完成过程中提出具有一定见解的方案 2. 在教学或生产管理上提出建议，具有创新性	1. 方案的可行性和意义 2. 建议的可行性				0.2	
合计							

任务2　工业机器人电气控制系统交流供电电路的安装与调试

 学习目标

◇ 知识目标：

1. 掌握电气原理图的绘制原则。

2. 掌握低压断路器、接触器、变压器等的作用、结构与工作原理。

3. 掌握伺服驱动器的作用、接口定义与工作原理。

◇ 能力目标：

1. 将工业机器人电气控制柜内的交流供电电路进行连接。

2. 对使用的低压电器进行选择与连接。

3. 将伺服驱动器与电机进行连接。

工作任务

本任务的主要内容是通过学习能正确选择工业机器人电气控制柜内交流供电电路的电气元件，掌握伺服驱动器接口的定义，并能完成工业机器人电气控制系统交流供电电路的安装与调试。

图 2-2-1 DZ 型塑料外壳式断路器

相关知识

一、低压断路器

低压断路器又称为自动开关或空气开关，具有控制电器和保护电器的复合功能，可用于设备主电路和分支电路的通断控制。当电路发生短路、过载或欠压等故障时，低压断路器能自动分断电路。也可用于不频繁地直接接通和断开电机电路。

低压断路器的种类繁多，按其用途和结构特点可分为框架式（或万能式）断路器、塑料外壳式（或装置式）断路器、直流快速断路器和限流式断路器等。

DW 型框架式断路器的规格、体积都比较大，主要用作配电线路的保护开关，而 DZ 型塑料外壳式断路器的规格、体积相对较小，除用作配电线路的保护开关之外，还可用于电机、照明电路和电热电路的控制，因此，机电设备主要使用 DZ 型塑料外壳式断路器，如图 2-2-1 所示。下面以 DZ 型塑料外壳式断路器为例，简要介绍低压断路器的结构、工作原理、使用与选用方法等。

1. 低压断路器的结构与工作原理

低压断路器由触点、灭弧系统和各种脱扣器组成。脱扣器包括过流脱扣器、欠压脱扣器、热脱扣器、分励脱扣器和自由脱扣器等。低压断路器的工作原理示意图和图形符号如图 2-2-2 所示。

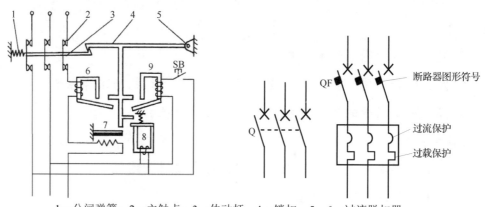

1—分闸弹簧；2—主触点；3—传动杆；4—锁扣；5、6—过流脱扣器
7—热脱扣器；8—欠压脱扣器；9—分励脱扣器。

图 2-2-2 低压断路器的工作原理示意图和图形符号

低压断路器合闸后，外力使锁扣克服反作用弹簧力，使固定在锁扣上面的静触点与动触点闭合，并由锁扣锁住搭扣，使静触点与动触点保持闭合状态，开关处于接通状态。

当线路发生过载故障时，过载电流流过热元件，电流的热效应使双金属片受热向上弯曲，通过传动杆推动搭扣与锁扣脱扣，在弹簧力的作用下，动触点与静触点分断，切断电路，完成过流保护。

当电路发生短路故障时，短路电流使过流脱扣器产生很大的电磁力，从而吸引衔铁，衔铁撞击杠杆，推动搭扣与锁扣脱扣，切断电路，完成短路保护。

当电路欠压时，欠压脱扣器上产生的电磁力小于分闸弹簧上的力，在弹簧力的作用下，衔铁松脱而撞击杠杆，推动搭扣与锁扣脱扣，切断电路，完成欠压保护。

2．低压断路器的型号含义和主要技术参数

（1）低压断路器的型号含义。

低压断路器的型号含义如图 2-2-3 所示。

（2）主要技术参数。

① 额定电压。

A．额定工作电压。低压断路器的额定工作电压是与其通断能力和使用类别相关的电压值。对于多相电路，低压断路器的额定工作电压指相间的电压值。

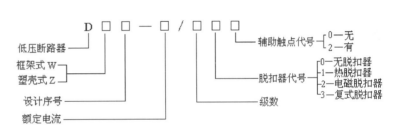

图 2-2-3　低压断路器的型号含义

B．额定绝缘电压。额定绝缘电压是低压断路器的最大工作电压。在任何情况下，低压断路器的最大工作电压不超过额定绝缘电压。

② 额定电流。

A．低压断路器壳架等级额定电流。低压断路器壳架等级额定电流用尺寸和结构相同的框架或塑料外壳中能装入的最大脱扣器额定电流表示。

B．低压断路器额定电流。低压断路器额定电流就是额定持续电流，即脱扣器能长期通过的电流。对于带可调式脱扣器的低压断路器，其额定电流指可长期通过的最大电流。

③ 低压断路器的保护特性。

低压断路器的保护特性主要指低压断路器的过载保护和过流保护特性，即低压断路器的动作时间与过载/过流脱扣器的动作电流有关。

低压断路器的保护特性如图 2-2-4 所示。其中，ab 段为过载保护曲线，具有反时限特性；df 段为瞬时动作曲线，当故障电流超过 d 点对应的电流时，过流脱扣器便瞬时动作；bce 段为定时限延时动作曲线，当故障电流超过 c 点对应的电流时，过流脱扣器经短时延时后动作，延时长短由 c 点与 d 点对应的时间差决定。

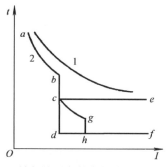

1—被保护对象的发热特性曲线；
2—低压断路器保护特性曲线。

图 2-2-4　低压断路器的保护特性

根据需要，低压断路器的保护特性曲线可以是两段式的，如 abdf 曲线，既有过载延时保护，又有短路瞬时保护；而 abce 曲线则为过载长延时和短路短延时保护。

另外，低压断路器的保护特性还可以是三段式的，如 abcghf 曲线，既有过载长延时和短路短延时保护，又有特大短路的瞬时保护。

为达到良好的保护效果，低压断路器的保护特性曲线应与被保护对象的发热特性曲线合理配合，即低压断路器保护特性曲线 2 位于被保护对象的发热特性曲线 1 的下方，并以此合理选择低压断路器的保护特性。

3．低压断路器的典型产品

（1）塑料外壳式断路器。

塑料外壳式断路器的外壳是绝缘的，内装触点系统、灭弧室及脱扣器等，可手动或电动（对大容量断路器而言）操作。塑料外壳式断路器具有较强的分断能力和较高的稳定性，同时具有较完善的选择性保护功能，用途广泛。

目前，机电设备常用的低压断路器有 DZ5、DZ20、DZX19、DZ108 和 C45N（已升级为 C65N）等系列。其中，C45N（C65N）断路器具有体积小、分断能力强、限流性能好、操作轻便、型号规格齐全，以及可以方便地在单极结构基础上组合成二极、三极、四极断路器的优点，因此广泛用于 60A 及以下的支路中。以 DZ5 系列断路器为例，其主要技术参数如表 2-2-1 所示。

表 2-2-1　DZ5 系列断路器的主要技术参数

型号	额定电压/V	额定电流/A	极数	脱扣器类别	热脱扣器额定电流/A	电磁脱扣器瞬时动作整定值/A
DZ5-20/200	AC 380	20	2	无脱扣器	—	—
DZ5-20/300			3			
DZ5-20/210			2	热脱扣器	0.15（0.1～0.15）	为热脱扣器额定电流的 8～12 倍（出厂时为 10 倍）
DZ5-20/310			3		0.2（0.15～0.2）	
DZ5-20/220	DC 220		2	电磁脱扣器	0.3（0.2～0.3）	
DZ5-20/320			3		0.45（0.3～0.45）	
DZ5-20/230			2	复式脱扣器	1（0.65～1）	为热脱扣器额定电流的 8～12 倍（出厂时为 10 倍）
DZ5-20/330			3		1.5（1～1.5）	
					3（2～3）	
					4.5（3～4.5）	
					10（6.5～10）	
					15（10～15）	

（2）漏电保护型低压断路器。

漏电保护型低压断路器又称为漏电保护自动开关，常用于低压交流电路中配电，以及电机过载保护、短路保护、漏电保护。

漏电保护型低压断路器主要由 3 部分组成：自动开关、零序电流互感器和漏电脱扣器。实际上，漏电保护型低压断路器是通过在一般的低压断路器的基础上增加零序电流互感器和漏电脱扣器来检测漏电情况的。当有人触电或设备漏电时，漏电保护型低压断路器能够迅速切断故障电路，避免人身和设备受到危害。

常用的漏电保护型低压断路器有电磁式和电子式两大类。电磁式漏电保护型低压断路器又分为电压型和电流型两种。

电流型电磁式漏电保护型低压断路器比电压型电磁式漏电保护型低压断路器性能优越，因此实际使用的大多数电磁式漏电保护型低压断路器是电流型的。

（3）智能型低压断路器。

智能型低压断路器的特征是采用了以微处理器或单片机为核心的智能控制器（智能脱扣器），它不仅具备普通断路器的各种保护功能，还具备实时显示电路中的各种电气参数（电流、电压、功率、功率因数等），以及对电路进行在线监视、自行调节、测量、试验、自诊断、通信等功能，而且能够对各种保护功能的动作参数进行显示、设定和修改，保护电路动作时的故障参数能够存储在非易失存储器中，以便查询。国内的 DW45、DW40、DW914（AH）、DW18（AE-S）、DW48、DW19（3WE）、DW17（ME）等智能型框架式低压断路器和智能型塑壳式低压断路器都配有 ST 系列智能控制器和配套附件，采用积木式配套方案，可直接安装于断路器本体中，无须重复接线，并可多种方案任意组合。

4．低压断路器的选用与维护

（1）低压断路器的选用。

① 根据被保护线路对保护的要求确定低压断路器的类型和保护形式。

② 低压断路器的额定电压应大于或等于被保护线路的额定电压。

③ 低压断路器欠压脱扣器的额定电压应等于被保护线路的额定电压。

④ 低压断路器的额定电流和过流脱扣器的额定电流应大于或等于被保护线路的计算电流。

⑤ 低压断路器的极限分断能力应大于被保护线路的最大短路电流的有效值。

⑥ 被保护线路中的上、下级断路器的保护性能应协调配合，下级的保护性能应位于上级的保护性能的下方且不相交。

⑦ 低压断路器的长延时脱扣器电流应小于导线允许的持续电流。

（2）低压断路器的维护。

① 在安装低压断路器时，应注意把来自电源的母线接到开关灭弧罩一侧（上口）的端子上，将来自电气设备的母线接到另一侧（下口）的端子上。

② 低压断路器在投入使用时，应按照要求先整定热脱扣器的动作电流，之后就不再随意旋动有关的螺钉和弹簧了。

③ 发生断路、短路事故后，应立即对触点进行清理，检查有无熔环，同时清除金属熔粒、

粉尘等，尤其要把散落在绝缘体上的金属粉尘清除干净。

④ 在正常情况下，每 6 个月对开关进行一次检修，清除灰尘。

（3）常见的低压断路器故障及其排除方法。

低压断路器在使用时可能出现一些故障，常见的低压断路器故障及其产生原因与排除方法如表 2-2-2 所示。

表 2-2-2　常见的低压断路器故障及其产生原因与排除方法

故障现象	故障产生原因	排除方法
手动操作低压断路器不能闭合	1. 电源电压太低 2. 热脱扣器的双金属片尚未冷却复原 3. 欠压脱扣器无电压或线圈损坏 4. 储能弹簧变形，导致闭合力减小 5. 反作用弹簧弹力过大	1. 检查电路并调高电源电压 2. 待金属片冷却再合闸 3. 检查电路，施加电压或调换线圈 4. 调换储能弹簧 5. 重新调整反作用弹簧弹力
电动操作低压断路器不能闭合	1. 电源电压不符 2. 电源容量不够 3. 电磁铁拉杆行程不够 4. 电机操作定位开关变位	1. 调换电源 2. 增大操作电源容量 3. 调整或调换拉杆 4. 调整定位开关
电机启动时低压断路器立即分断	1. 过流脱扣器瞬时整定值太小 2. 某些脱扣器零件损坏 3. 脱扣器反作用力弹簧断裂或落下	1. 调整瞬时整定值 2. 调换脱扣器或损坏的零件 3. 调换弹簧或重新装好弹簧
分励脱扣器不能使低压断路器分断	1. 线圈短路 2. 电源电压太低	1. 调换线圈 2. 检修电路，调整电源电压
欠压脱扣器噪声大	1. 反作用力弹簧弹力太大 2. 铁芯工作面有油污 3. 短路环断裂	1. 调整反作用力弹簧弹力 2. 清除铁芯工作面油污 3. 调换铁芯
欠压脱扣器不能使低压断路器分断	1. 反作用弹簧弹力变小 2. 储能弹簧断裂或弹簧力变小 3. 脱扣机构生锈卡死	1. 调整反作用力弹簧弹力 2. 调换或调整储能弹簧 3. 清除锈迹

二、接触器

接触器是机电设备电气控制中的重要电器，可以频繁地接通或分断交/直流电路，并可实现远距离控制。接触器的主要控制对象是电机，也可用于控制其他负载。接触器不仅能实现远距离自动操作与欠压和失压保护功能，还具有控制容量大、过载能力强、工作可靠、操作频率高、使用寿命长、设备简单经济等特点，因此它是电气控制线路中使用最广泛的元件之一。

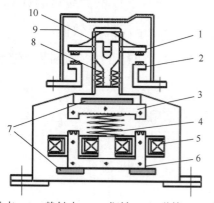

1—动触点；2—静触点；3—衔铁；4—弹簧；5—线圈；6—铁芯；7—垫毡；8—触点弹簧；9—灭弧罩；10—触点压力弹簧。

图 2-2-5　CJ20 系列交流接触器结构示意图

按通断电流的种类划分，接触器可分为直流接触器和交流接触器；按主触点的极数划分，接触器可分为单极、双极、三极、四极、五极等，其中，单极、双极多为直流接触器。目前使用较多的是交流接触器。CJ20 系列交流接触器结构示意图如图 2-2-5 所示。

1．交流接触器的结构

交流接触器主要由电磁系统、触点系统、灭弧装置和其他辅助部件 4 部分组成。交流接触器的外形如图 2-2-6 所示，交流接触器的文字图形符号如图 2-2-7 所示。

图 2-2-6　交流接触器的外形

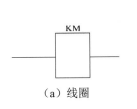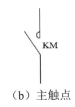

（a）线圈　　　　　（b）主触点　　　　（c）常开辅助触点　　　（d）常闭辅助触点

图 2-2-7　交流接触器的文字图形符号

（1）电磁系统。

电磁系统是用来操作触点的闭合与分断的，包括静铁芯、吸引线圈、动铁芯（衔铁）。铁芯用硅钢片叠成，以降低其铁损耗，在铁芯端部极面上装有短路环，作用是消除交流电磁铁在吸合时产生的振动和噪声。

（2）触点系统。

触点系统起着接通和分断电路的作用，包括主触点和辅助触点。主触点用于接通或断开主电路或大电流电路。主触点容量较大，一般为三极。辅助触点用于接通或断开小电流控制电路，起控制其他元件接通或分断及电气联锁的作用。辅助触点容量较小，在结构上通常是常开和常闭成对的。当线圈通电后，衔铁在电磁吸力的作用下被吸向铁芯，同时带动动触点移动，使其与常闭触点的静触点分开，并与常开触点的静触点接触，从而使常闭触点断开、常开触点闭合。辅助触点不能用来断开主电路。

（3）灭弧装置。

灭弧装置的作用是熄灭电弧。对于大容量的接触器，常采用窄缝灭弧和栅片灭弧；对于小容量的接触器，常采用电力吹弧、灭弧罩等。

（4）其他辅助部件。

交流接触器的其他辅助部件主要包括恢复弹簧、缓冲弹簧、触点压力弹簧、传动机构和外壳等。

2．交流接触器的工作原理

当交流接触器的线圈通电后，线圈中的电流产生磁场，使静铁芯磁化产生足够大的电磁吸力，克服反作用弹簧力，将衔铁吸合，衔铁通过传动机构带动辅助常闭触点先断开，3 对常开主触点和辅助常开触点后闭合；当交流接触器线圈断电或电压显著下降时，由于铁芯的电磁吸力消失或过小，衔铁在反作用弹簧力的作用下复位，并带动各触点恢复到原始状态。

3．接触器的主要技术参数

（1）额定电压：主触点额定工作电压，等于负载的额定电压。通常，最大工作电压即额定电压。常用的额定电压为 220V、380V、660V 等。

（2）额定电流：接触器触点在额定工作条件下的电流值。常用的额定电流为 5A、10A、20A、40A、60A、100A、150A、250A、400A、600A。

（3）通断能力：最大接通电流和最大分断电流。最大接通电流指触点闭合时不会造成触点熔焊的最大电流值；最大分断电流指触点断开时能可靠灭弧的最大电流。一般，通断能力是额定电流的 5～10 倍。当然，这一数值与开断电路的电压等级有关，电压越高，通断能力越小。

（4）动作值：吸合电压和释放电压。吸合电压指接触器吸合前，缓慢升高吸引线圈两端的电压，直到接触器可以吸合时的最低电压。释放电压指接触器吸合后，缓慢降低吸引线圈的电压，直到接触器释放时的最高电压。一般规定吸合电压不低于线圈额定电压的 85%，释放电压不高于线圈额定电压的 70%。

（5）吸引线圈额定电压：接触器正常工作时吸引线圈上所加的电压。一般该电压和线圈的匝数、线径等数据均标于线包上，而不标于接触器外壳铭牌上，因此使用时应加以注意。

（6）操作频率：接触器吸合瞬间，吸引线圈需要消耗的电流是额定电流的 5～7 倍，如果操作频率过高，则会使线圈严重发热，直接影响接触器的正常使用。因此，规定接触器的允许操作频率一般为每小时允许操作次数的最大值。

（7）寿命：电气寿命和机械寿命。目前，接触器的机械寿命已达一千万次以上，电气寿命为机械寿命的 5%～20%。

另外，接触器还有使用类别的问题。由于接触器在用于不同负载时，对主触点的接通和分断能力的要求不一样，而不同类别的接触器是根据不同控制对象（负载）的控制方式规定的。根据低压电器基本标准的规定，接触器的使用类别比较多，在电力拖动控制系统中，接触器常见的使用类别和典型用途如表 2-2-3 所示。

表 2-2-3　接触器常见的使用类别和典型用途

电流种类	使用类别代号	典型用途
AC	AC-1	无感或微感负载，如电阻炉
	AC-2	绕线式异步电机的启动和停止
	AC-3	笼型异步电机的启动和停止
	AC-4	笼型异步电机的启动、反接制动、反转和点动
DC	DC-1	无感或微感负载，如电阻炉
	DC-3	电机的启动、反接制动、反转或点动
	DC-5	串励电机的启动、反接制动、反转或点动

接触器的使用类别代号通常标注在产品的铭牌或工作手册中。对于表 2-2-3 中列出的类别，要求接触器主触点达到的接通能力和分断能力分别为：AC-1 和 DC-1 类允许接通和分断额定电流，AC-2、DC-3 和 DC-5 类允许接通和分断 4 倍的额定电流，AC-3 类允许接通 6 倍的额定电流和分断额定电流，AC-4 类允许接通和分断 6 倍的额定电流。

4．常用的接触器

我国生产的常用交流接触器的有 CJ10、CJ12、CJX1、CJ20 等系列及其派生产品，CJ10 系列及其改型产品已逐步被 CJ20、CJX 系列产品取代。上述系列产品一般具有 3 对常开主触点，常开/常闭辅助触点各两对。目前常用的直流接触器有 CZ0、CZ17、CZ18、CZ21 等系列。

5．接触器的选用和维护

根据负载的类型和额定参数合理选用接触器，具体步骤如下。

（1）选择接触器的类型。

交流接触器按负载的类型一般分为一类、二类、三类和四类，分别记为 AC-1、AC-2、AC-3 和 AC-4。一类交流接触器对应的控制对象是无感或微感负载，如白炽灯、电阻炉等；二类交流接触器用于绕线式异步电机的启动和停止；三类交流接触器的典型用途是笼型异步电机的运转和中断；四类交流接触器用于笼型异步电机的启动、反接制动、反转和点动。

（2）选择接触器的额定参数。

根据被控对象和工作参数（如电压、电流、功率、频率和工作制等）确定接触器的额定参数。

① 接触器的线圈电压一般低一些较好，这样可以降低接触器的绝缘要求，使用时也较安全。

② 电机的操作频率不高，如水泵、风机等，接触器的额定电流只需大于负载额定电流即可。接触器类型可选用 CJ10、CJ20 等系列。

③ 对于重任务型电机，如机床主电机等，其平均操作频率超过 100 次/分钟，运行于启动、点动、正反向制动、反接制动等状态，可选用 CJ10Z、CJ12 型接触器。为了保证电器的使用寿命，可使接触器降容使用。在选用接触器时，接触器的额定电流大于电机的额定电流。

④ 对于特重任务型电机，如大型机床的主电机等，其操作频率很高，为 600～12000 次/小时，经常运行于启动、反接制动、反向制动等状态。接触器大致可按电器使用寿命和启动电流来选用，接触器的型号选 CJ10Z、CJ12 等。

⑤ 当使用接触器对变压器进行控制时，应考虑浪涌电流的大小。例如，交流主轴电机的变压器等，一般可按变压器额定电流的 2 倍来选取接触器，接触器的型号选 CJ10、CJ20 等。

（3）接触器的使用。

① 在安装接触器前，应先检查线圈的额定电压是否与实际需要相符。

② 接触器的安装多为垂直安装，其倾斜角不得超过 5°，否则会影响接触器的动作特性；

在安装有散热孔的接触器时，应将散热孔放在上下位置，以降低线圈的温升。

③ 接触器安装与接线时应将螺钉拧紧，以防其振动松脱。

④ 接线器的触点应定期清理，若触点表面有电弧灼伤，则及时修复。

（4）接触器常见故障及其处理方法。

接触器在使用时可能出现的故障很多，接触器常见故障、产生原因和处理方法如表 2-2-4 所示。

表 2-2-4　接触器常见故障、产生原因和处理方法

常见故障	产生原因	处理方法
接触器不吸合或吸合不牢	1．电源电压过低 2．线圈断路 3．线圈技术参数与使用条件不符 4．铁芯机械卡阻	1．调高电源电压 2．调换线圈 3．调换线圈 4．排除卡阻物
线圈断电，接触器不释放或释放缓慢	1．触点熔焊 2．铁芯表面有油污 3．触点弹簧压力过小或反作用弹簧损坏 4．机械卡阻	1．排除熔焊故障，修理或更换触点 2．清理铁芯表面油污 3．调整触点弹簧压力或更换反作用弹簧 4．排除卡阻物
触点熔焊	1．操作频率过高或过载使用 2．负载侧短路 3．触点弹簧压力过低 4．触点表面有电弧灼伤 5．机械卡阻	1．调整适合的接触器或减小负载 2．排除短路故障，更换触点 3．调整触点弹簧压力 4．清理触点表面电弧灼伤 5．排除卡阻物
铁芯噪声过大	1．电源电压过低 2．短路环断裂 3．铁芯机械卡阻 4．铁芯表面有油垢或磨损不平 5．触点弹簧压力过高	1．检查电路并提高电源电压 2．调换铁芯或短路环 3．排除卡阻物 4．用汽油清洗铁芯表面或更换铁芯 5．调整触点弹簧压力
线圈过热或烧毁	1．线圈匝间短路 2．操作频率过高 3．线圈参数与实际使用条件不符 4．铁芯机械卡阻	1．更换线圈并找出故障原因 2．调换合适的接触器 3．调换线圈或接触器 4．排除卡阻物

三、熔断器

熔断器是在一种低压电路和电机控制电路中常用的保护电器，具有结构简单、使用方便、价格低廉、控制有效的特点。熔断器串联在电路中使用，当电路或用电设备发生短路或过载故障时，熔体能熔断自身，从而切断电路，阻止事故蔓延，进而实现短路保护或过载保护。无论在强电系统还是弱电系统中，熔断器都得到了广泛应用。

熔断器按结构分为开启式、半封闭式和封闭式 3 种。封闭式熔断器又分为有填料管式、无填料管式和有填料螺旋式等。熔断器按用途分为一般工业用熔断器、保护硅元件用快速熔断器、特殊用途熔断器（如直流牵引用熔断器、旋转励磁用熔断器、有限流作用并熔而不断的自复式熔断器等）和具有两段保护特性、快慢动作熔断器。

1．熔断器的作用原理和主要特性

（1）熔断器的作用原理。

熔断器主要由熔体和安装熔体的熔管组成。熔体一般由熔点低、电阻率高的合金或铜、银、锡等金属材料制成丝状或片状。熔管由绝缘材料制成，在熔体熔断时兼有灭弧作用。熔体串联在电路中，当电路发生短路或过载故障时，电流增大，熔体温度急剧上升，当熔体温度超过熔体熔点时，熔体熔断，分断故障电路，从而保护电路和设备。熔断器断开电路的物理过程包括熔体升温阶段、熔体熔化阶段、熔体金属汽化阶段、电弧的产生与熄灭阶段。

（2）熔断器的主要特性。

① 安秒特性。安秒特性表示熔断时间 t 与通过熔体的电流 i 的关系，为反时限特性，即短路电流越大，熔体熔断时间越短，从而满足短路保护的要求。在安秒特性中，有一个熔断电流与不熔断电流的分界线，与此对应的电流称为最小熔断电流。熔体在额定电流下不应熔断，因此最小熔断电流必须大于额定电流。

② 极限分断能力。极限分断能力通常指在额定电压和一定的功率因数（或时间常数）下切断短路电流的极限能力，可用极限断开电流值 f 周期分量的有效值来表示。熔断器的极限分断能力必须大于线路中可能出现的最大短路电流。

2．熔断器的图形符号和型号含义

熔断器在电气原理图中的图形符号如图 2-2-8 所示，其文字符号为 FU。

熔断器的型号含义如图 2-2-9 所示。例如，在型号 RC1A-15/10 中，R 表示熔断器，C 表示瓷插式，设计代号为 1A，熔断器的额定电流为 15A，熔体的额定电流为 10A。

图 2-2-8　熔断器在电气原理图中的图形符号

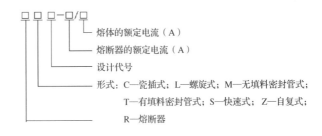

图 2-2-9　熔断器的型号含义

3．熔断器的选用、维护与更换注意事项

（1）熔断器的选用。

① 在选用熔断器时，应根据被保护电路的需要，首先确定熔断器的形式，然后选择熔体的规格，最后根据熔体确定熔断器的规格。

② 在选择熔体的额定电流时，应注意熔体的额定电流在线路上应由前级至后级逐渐减小，否则会出现越级动作现象。另外，熔体的额定电流不应超过线路上导线的允许载流量；对于与电度表相连的熔断器，熔体的额定电流应小于电度表的额定电流。

③ 熔断器的额定电压/电流的选择要求如下。

A．熔断器的额定电压必须高于或等于线路的工作电压。

B．熔断器的额定电流必须大于或等于所装熔体的额定电流。

（2）熔断器的维护。

经常巡视检查运行中的熔断器，巡视检查的内容有负载电流应与熔体的额定电流相适应；对于有熔断信号指示器的熔断器，应检查信号指示是否弹出；与熔断器连接的导体、连接点和熔断器本身有无过热现象，以及连接点接触是否良好；熔断器外观有无裂纹、脏污和放电现象；熔断器内部有无放电声。

（3）更换熔体时的安全注意事项。

熔体熔断后，应首先查明熔体熔断的原因，排除故障。熔体熔断的原因是过载还是短路可根据熔体熔断的情况进行判断。熔体在过载下熔断时，响声不大，仅在一两处熔断，变截面熔体只有小截面熔断，熔管内没有烧焦现象；熔体在短路下熔断时，响声很大，熔断部位大，熔管内有烧焦现象。根据熔断的原因找出故障点，并予以排除。更换的熔体的规格应与负载的性质和线路电流相适应。另外，更换熔体时必须断电，以防触电。

四、变压器

变压器是利用电磁感应原理进行能量传输的一种电气设备。它能在输出功率不变的情况下把一种幅值的交流电压变为另一种幅值的交流电压。变压器的应用非常广泛，在电源系统中，常用来改变电压的高低，以便电信号的使用、传输与分配；在通信电路中，常用来进行阻抗匹配和隔离交流信号；在电力系统中，常用来进行电能传输与分配。

1．变压器的结构与工作原理

（1）变压器的结构。

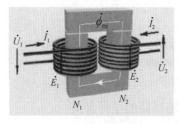

图 2-2-10　变压器结构示意图

对于不同型号的变压器，尽管它们在具体结构、外形、体积和质量上有很大的差异，但是它们的基本构成都是相同的，主要由铁芯和线圈组成。变压器结构示意图如图 2-2-10 所示。

① 铁芯。

铁芯是变压器磁路的主体部分，也是变压器线圈的支撑骨架。铁芯由铁芯柱和铁轭两部分构成，线圈缠绕在铁芯柱上，铁轭用于连接铁芯柱，构成闭合的磁场回路。为了降低铁芯内交变磁通引起的磁滞损耗与涡流损耗，铁芯通常由表面涂有漆膜，厚度为 0.35mm 或 0.5mm 的硅钢片冲压成一定的形状后叠装而成，硅钢片之间保持绝缘状态。

② 线圈。

线圈是变压器电路的主体部分，担任着输入、输出电能的任务，一般由绝缘铜线绕制而成。通常把变压器与电源相连的一侧称为一次侧，相应的线圈称为一次绕组或原边；把与负载相连的一侧称为二次侧，相应的线圈称为二次绕组或副边。

一次侧与二次侧线圈的匝数并不相同，匝数多的称为高压绕组，匝数少的称为低压绕组。变压器的重要组成部分是铁芯和线圈，两者装配在一起构成变压器的器身。变压器器身在油箱中的被称为油浸式变压器，器身没有在油箱中的被称为干式变压器。

油浸式变压器中的油既是冷却介质，又是绝缘介质。油浸式变压器通过油液的对流对铁芯和线圈进行散热。另外，油浸式变压器中的油还可以保护线圈和铁芯不被空气中的潮气侵蚀，一般为大中型变压器。

（2）变压器的工作原理。

变压器的工作原理是电磁感应原理，如图 2-2-10 所示，在变压器一次侧施加交流电压 $\dot{U}_1$ 且通过一次绕组的电流为 $\dot{i}_1$ 时，该电流在铁芯中产生交变磁通，使一次绕组和二次绕组发生电磁联系。根据电磁感应原理，交变磁通穿过这两个绕组会感应出电动势，一次绕组产生的感应电动势大小为 $I_1 N_1$，二次绕组将产生感应电流 $\dot{i}_2$、感应电动势 $\dot{i}_2 N_2$，其大小与绕组匝数成正比，绕组匝数多的一侧电压高，绕组匝数少的一侧电压低。

当变压器二次侧开路，即变压器空载时，一次侧、二次侧电压分别与一次绕组、二次绕组的匝数成正比，变压器起到变换电压的目的。

当变压器二次侧接入负载后，在电动势 $\dot{E}_2$ 的作用下，有二次电流通过，该电流产生的电动势作用在同一铁芯上，起到反向去磁作用，但因主磁通取决于电源电压，而 $\dot{U}_1$ 基本保持不变，故一次绕组电流必将自动增加一个分量，产生磁动势 $\dot{F}_1$ 以抵消二次绕组电流产生的磁动势 $\dot{F}_2$。在一次绕组和二次绕组电流 $\dot{i}_1$、$\dot{i}_2$ 的作用下，作用在铁芯上的总磁动势为（不计空载电流 I_0）$\dot{F}_1 + \dot{F}_2 = 0$，由于 $\dot{F}_1 = \dot{i}_1 N_1$、$\dot{F}_2 = \dot{i}_2 N_2$，所以 $\dot{i}_1 N_1 + \dot{i}_2 N_2 = 0$，因此，$\dot{i}_1$ 和 $\dot{i}_2$ 同相，可得 $\dot{i}_1 / \dot{i}_2 = N_2 / N_1 = 1/K$。

因此，一、二次测电流比与一、二次测电压比互为倒数，变压器一次绕组和二次绕组的功率基本不变（因为变压器自身损耗较其传输功率的数值小），由于二次绕组电流 $\dot{i}_2$ 的大小取决于负载的需要，因此一次绕组电流 $\dot{i}_1$ 的大小也取决于负载的需要，变压器起到功率传递的作用。

结论1：一次绕组、二次绕组的电压比等于其匝数比。也就是说，只要改变一次绕组、二次绕组的匝数比，就能进行电压的变换。匝数多的绕组电压高。

结论2：一次绕组、二次绕组的电流比等于其匝数比的倒数。匝数多的绕组电流小。

结论3：变压器一次绕组的输入功率等于二次绕组的输出功率。

结论4：流过变压器电流的大小取决于负载的需要。

2．变压器的主要性能指标和选用

（1）变压器的主要性能指标。

① 额定电压 U_{1N}、U_{2N}：U_{1N} 是变压器一次绕组的额定电压，U_{2N} 是一次绕组加额定电压时二次绕组的开路电压，即 U_{20}，单位为 V。在使用变压器时，电源电压不得超出额定电压 U_{1N}。

② 额定电流 I_{1N}、I_{2N}：根据变压器的允许温升而规定的变压器连续工作的一次绕组、二次绕组的最大允许工作电流。

③ 额定容量 S_N：二次绕组的额定电压与额定电流的乘积，即视在功率，常以 kV·A 为单位。

④ 额定频率 f_N：变压器一次侧允许接入的电源频率。我国规定的变压器的额定频率为 50Hz。

⑤ 温升：变压器在额定状态下运行时，其内部温度允许超过周围环境温度的数值。

（2）变压器的选用。

① 变压器的额定电压主要是根据输电线路的电压等级和用电设备的额定电压来确定的。

② 变压器容量应大于总的负载功率，计算公式为 $P_{fz} = U_{2N}I_{2N}\cos\Phi$，通常 $\cos\Phi$ 大约为 0.8，因此，变压器容量大约为供电设备总功率的 1.3 倍。

五、航空插头

航空插头是电子工程技术人员经常接触的一种部件。它的作用非常单纯：在电路内被阻断处或独立不通的电路之间架起"沟通的桥梁"，使电路接通，实现预定的功能。航空插头是电气设备中不可缺少的部件，顺着电流流通的通路观察，总会发现有一个或多个航空插头。航空插头的形式和结构是千变万化的，随着应用对象、频率、功率、应用环境等的不同，产生了各种不同形式的航空插头。例如，球场上点灯用的航空插头和硬盘驱动器的航空插头、点燃火箭的航空插头是大不相同的。但是，无论哪种航空插头，都要保证电流流畅、连续、可靠地流通。航空插头的外观如图 2-2-11 所示。

图 2-2-11　航空插头的外观

1．航空插头的特点

（1）改善生产过程。

航空插头简化了电子产品的装配过程和批量生产过程。

（2）易于维修。

如果装有航空插头的某电子元件失效，则可以快速更换失效的电子元件。

（3）便于升级。

随着技术的进步，航空插头便于更新元件，即用新的、更完善的元件代替旧的元件。

（4）提高设计的灵活性。

航空插头使工程师在设计和集成新产品与用元件组成系统时有更高的灵活性。

2. 航空插头的性能指标

（1）机械性能。

就连接功能而言，航空插头的插拔力是重要的机械性能。插拔力分为插入力和拔出力（也称分离力），两者的要求是不同的。在有关标准中，有对最大插入力和最小拔出力的规定。从使用角度看，插入力要小（从而有低插入力 LIF 和无插入力 ZIF 的结构），而拔出力若太小则会影响接触的可靠性。

另外，航空插头还有一个重要的机械性能，是连接器的机械寿命。机械寿命实际上是一种耐久性的机械操作，它以一次插入和一次拔出为一个循环，以在规定的插拔循环后连接器能否正常完成其连接功能（如接触电阻值）作为评判依据。连接器的插拔力和机械寿命与接触件结构（正压力大小）、接触部位镀层质量（滑动摩擦系数）和接触件排列尺寸精度（对准度）有关。

（2）电气性能。

航空插头的电气性能主要包括接触电阻、绝缘电阻和抗电强度。

① 接触电阻。高质量的航空插头应具有低而稳定的接触电阻。航空插头的接触电阻为几毫欧到数十毫欧不等。

② 绝缘电阻。绝缘电阻是衡量航空插头接触件之间和接触件与外壳之间绝缘性能的指标，其数量级为数百兆欧至数千兆欧不等。

③ 抗电强度。抗电强度又称为耐电压、介质电压，用于表征航空插头接触件之间或接触件与外壳之间耐受额定试验电压的能力。

（3）环境性能。

常见的环境性能包括耐温、耐湿、耐盐雾、耐振动和耐冲击等。

① 耐温。

目前，航空插头的最高工作温度为 200℃（少数高温特种航空插头除外），最低工作温度为 -65℃。由于航空插头在工作时，电流在接触点处产生热量，导致温升，因此一般认为航空插头的工作温度应等于环境温度与触点温升之和。在某些规范中，明确规定了航空插头在额定电流下容许的最高工作温度。

② 耐湿。

湿气的侵入会影响航空插头连接的绝缘性能，并锈蚀金属结构件。

③ 耐盐雾。

航空插头在含有湿气和盐分的环境中工作时，其金属结构件、接触件表面镀层可能会产生电化腐蚀，从而影响其物理和电气性能。为了评价航空插头承受这种环境的能力，设计了盐雾试验：将航空插头悬挂在温度受控的试验箱内，将规定浓度的氯化钠溶液压缩喷出，形成盐雾空气，其暴露时间由产品规范规定，至少为48小时。

④ 耐振动和耐冲击。

耐振动和耐冲击是航空插头的重要性能，在特殊的应用环境中（在航空航天、铁路和公路运输中尤为重要），该性能是检验航空插头机械结构的紧固性和电接触可靠性的主要指标。在冲击试验中，应规定峰值加速度、持续时间和冲击脉冲波形、电气连续性中断时间。

⑤ 其他环境性能。

根据使用要求，航空插头的环境性能还有密封性（空气泄漏、液体压力）、耐液体浸渍能力（对特定液体的耐浸渍能力）。

（4）屏蔽性。

在现代电气电子设备中，元件的密度及其之间的相关功能日益增加，这对电磁干扰提出了严格的限制。因此，航空插头往往用金属壳体封闭起来，以阻止内部电磁能辐射或受到外界电磁场的干扰。

3．航空插头的选择

（1）电气参数要求。

航空插头是连接电气线路的机电元件，因此，航空插头自身的电气参数是选择时首先要考虑的问题。

① 额定电压。额定电压又称工作电压，取决于航空插头使用的绝缘材料、接触件之间的间距大小。航空插头的额定电压事实上应理解为生产厂商推荐的最高工作电压。原则上说，航空插头在低于额定电压下都能工作。因此，选用时应根据航空插头的耐压（抗电强度）指标，按照使用环境、安全等级要求来合理选用额定电压。也就是说，对于相同的耐压指标，根据不同的使用环境和要求，可使用不同的最高工作电压。

② 额定电流。额定电流又称工作电流。同额定电压一样，在小于额定电流的情况下，航空插头一般都能正常工作。在航空插头的设计过程中，是通过对航空插头的热设计来满足额定电流要求的，因为在接触件有电流流过时，由于存在导体电阻和接触电阻，接触件将发热，当发热超过一定极限时，将破坏航空插头的绝缘性能和形成接触件表面镀层的软化，造成故障。因此，要限制额定电流，事实上就是要限制航空插头内部的温升不超过设计的额定值。在选择时要注意的问题：对多芯航空插头而言，额定电流必须降额使用，这在大电流场合更应引起重视。例如，一般规定 $\phi3.5\,mm$ 接触件的额定电流为50A，但在5芯时要降额33%使用，即每芯的额定电流只有33.5A，芯数越多，降额幅度越大。

（2）安装方式和外形。

航空插头接线端子的外形千变万化，用户主要从直形、弯形电线或电缆的外径，以及外壳的固定要求、体积、质量、是否需要连接金属软管等方面加以选择；对于在面板上使用的航空插头，还要从造型、颜色等方面加以选择。

六、伺服驱动器的功能与接口分类

1. 伺服驱动器的功能

伺服驱动器又称为伺服控制器、伺服放大器，是用来控制伺服电机的一种控制器。通过伺服驱动器，可把上位机的指令信号转变为驱动伺服电机运行的能量。伺服驱动器通常以电机转角、转速和转矩作为控制目标，从而控制运动机械跟随控制指令运行，以实现高精度的机械传动与定位。

HVS-160U 是武汉华中数控股份有限公司推出的新一代全数字交流伺服驱动器，主要应用于对精度和响应比较敏感的高性能控制领域。HVS-160U 具有高速工业以太网总线接口，采用具有自主知识产权的 NCUC 总线协议，可与数控装置进行高速数据交换；具有高分辨率绝对式编码器接口，可适配复合增量式、正余弦、全数字绝对式等多种信号类型的编码器，位置反馈分辨率最高达 23 位。HVS-160U 的交流伺服驱动单元共有 20A、30A、50A、75A 几种规格，功率回路的最大功率输出达 5.5kW。

2. 伺服驱动器的接口分类

HVS-160U 的接口分为交流电源输入/输出接口、NCUC 总线连接接口和编码器反馈接口 3 类。HVS-160U 的交流电源输入/输出接口示意图如图 2-2-12 所示。

交流电源输入接口的作用是把外部的三相动力电源输入伺服驱动器内部。该三相动力电源在伺服驱动器内部经整流与逆变后通过交流电源输出接口输出到伺服电机的绕组上，为伺服电机的运行提供能量。

NCUC 总线连接接口用于连接多个智能化器件，构成 NCUC 总线网络，从而完成指令信号与反馈信号的传输工作。

编码器反馈接口用于接收光电式编码器的反馈信号，该反馈信号反映的是伺服电机的转角、转速与转向信息。反馈信息先通过编码器反馈接口传递给伺服驱动器，再通过伺服驱动器上的 NCUC 总线连接接口传递给 IPC 单元，最后由 IPC 单元进行运算与处理。

（1）XT1 外部电源输入端子。

XT1 外部电源输入端子引脚分布示意图如图 2-2-13 所示。

XT1 外部电源输入端子引脚功能说明如下。

L1、L2、L3：主电路三相电源输入端子，供电标准为三

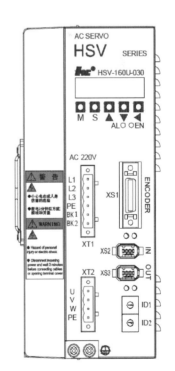

图 2-2-12　HVS-160U 的交流电源
输入/输出接口示意图

相 AC 220V，50Hz。该三相电源经整流后逆变为伺服电机旋转所需的动力电源。

PE：保护接地端子，与电源地线相连接，保护接地电阻应小于 4Ω。

BK1、BK2：外部制动电阻连接端子。驱动单元内置 70Ω/200W 的制动电阻，若仅使用内置制动电阻，则 BK1、BK2 引脚悬空即可；若要使用外接制动电阻，则直接将外接制动电阻接在 BK1、BK2 引脚处即可，此时内置制动电阻与外接制动电阻是并联关系。

（2）XT2 电源输出端子。

XT2 电源输出端子引脚分布示意图如图 2-2-14 所示。

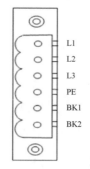

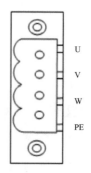

图 2-2-13　XT1 外部电源输入端子引脚分布示意图　　图 2-2-14　XT2 电源输出端子引脚分布示意图

XT2 电源输出端子引脚功能说明如下。

U、V、W：与伺服电机上的动力端子相连（必须与伺服电机上的 U、V、W 端子对应连接），为伺服电机的旋转提供动力。

PE：保护接地端子。

七、电气系统图

电气系统图主要包括电气原理图、电气元件布置安装图和电气安装接线图。

1. 电气原理图

电气原理图是电气系统图的一种，是用来表明电气设备的工作原理和各电气元件的作用、关系的一种表达方式。电气原理图是根据控制电路的工作原理绘制的，具有结构简单、层次分明的特点，一般由主电路、控制电路、检测与保护电路、配电电路等几部分组成。由于电气原理图直接体现了电气元件与电气结构及其相互间的逻辑关系，因此一般用在设计、分析电路中。当电气原理图用在分析电路中时，可通过识别图纸上所画的各种电路元件符号，以及它们之间的连接方式来了解电路实际工作时的情况。掌握识读电气原理图的方法和技巧对分析电气线路、排除设备电路故障是十分有益的。

2. 电气元件布置安装图

电气元件布置安装图主要用来表明各种电气设备在机械设备和电气控制柜中的实际安装位置，并为机电设备的制造、安装、维护、维修提供必要的资料。

电气元件布置安装图的设计应遵循以下原则。

（1）必须遵循相关国家标准来设计和绘制。

（2）在布置相同类型的电气元件时，应把体积和质量较大的电气元件安装在电气控制柜或面板的下方。

（3）发热元件应安装在电气控制柜或面板的上方或后方，但热继电器一般安装在接触器的下方，以便与电机、接触器连接。

（4）对于需要经常维护、整定和检修的电气元件、操作开关、监视仪器仪表，其安装位置应高低适宜，以便工作人员操作。

（5）强电、弱电应分开走线，并注意屏蔽层的连接，防止干扰的窜入。

（6）布置电气元件时应考虑安装间隙，并尽可能做到整齐、美观。

3．电气安装接线图

电气安装接线图为装置、设备或成套装置的布线提供各项目之间电气连接的详细信息，包括连接关系、线缆种类和敷设线路。

一般情况下，电气安装接线图和电气原理图应配合使用。在绘制电气安装接线图时，应遵循的主要原则如下。

（1）必须遵循相关国家标准。

（2）电气安装接线图各电气元件的位置、文字符号必须与电气原理图中的标注一致，同一个电气元件的各部件（如同一个接触器的触点、线圈等）必须画在一起，各电气元件的位置应与实际安装位置一致。

（3）不在同一安装板或电气控制柜中的电气元件或信号的电气连接一般应通过端子排进行连接，并按照电气原理图中的接线编号进行。

（4）走向相同、功能相同的多根导线可用单线或线束表示。画线时，应标明导线的规格、型号、颜色、根数和穿线管的尺寸。

八、电气原理图的识读方法

识读电气原理图的一般方法：先看主电路，明确主电路的控制目标与控制要求；再看辅助电路，并通过辅助电路的回路研究主电路的运行状态。

主电路一般是电路中的动力设备，用于将电能转变为机械运动的机械能。典型的主电路就是从电源开始到电机结束的那一条电路。辅助电路包括控制电路、保护电路、照明电路。通常来说，除主电路以外的电路都可以称为辅助电路。

1．识读主电路的步骤

（1）看清主电路中的用电设备。用电设备是指消耗电能的用电器或电气设备，在看电气原理图时，首先要看清楚有几个用电器，并分清它们的类别、用途、接线方式和工作要求等。

（2）清楚用电设备是由什么电气元件控制的。控制用电设备的方法很多，有的直接用开关控制，有的用各种启动器控制，还有的用接触器控制。

（3）了解主电路中所用的控制电器和保护电器。其中，控制电器是指除常规接触器以外的其他控制元件，如电源开关（转换开关和空气断路器）、万能转换开关；保护电器是指短路保护器件和过载保护器件，如空气断路器中的电磁脱扣器和热过载脱扣器、熔断器、热继电器、过流继电器等。一般来说，对主电路进行以上分析后即可分析辅助电路。

（4）看电源，并了解电源电压的等级是 380V 还是 220V，由母线汇流排供电还是由配电屏供电，或者是从发电机组接出来的。

2. 识读辅助电路的步骤

在分析控制电路时，应根据主电路中各电机和执行电器的控制要求，逐一找出控制电路中的其他控制环节，将控制电路"化整为零"，按功能不同划分成若干局部控制电路进行分析。如果控制电路较复杂，那么可先排除照明、显示等与控制电路关系不密切的电路，以便集中精力进行分析。

（1）看电源。首先，看清楚电源的种类，是交流还是直流；其次，看清楚辅助电路的电源是从什么地方接出来的及其电压等级。电源一般是从主电路的两条相线接出来的，电压为380V；也有从主电路的一条相线和一条零线上接出来的情况，电压为单相 220V。此外，电源也可以从专用的隔离电源变压器接出来，电压一般为 140V、127V、36V、6.3V 等。当辅助电路为直流时，直流电源可从整流器、发电机组或放大器上接出来，电压一般为 24V、12V、6V、4.5V、3V 等。辅助电路中的一切电气元件的线圈的额定电压都必须与辅助电路电源电压一致，否则，当电压低时，电气元件不动作；当电压高时，电气元件被烧坏。

（2）了解控制电路中采用的各种继电器、接触器的用途，对于采用了一些特殊结构的继电器，还应了解其动作原理。

（3）根据辅助电路研究主电路的动作情况。

分析完上述内容后，结合主电路中的要求，就可以分析辅助电路的动作过程了。

控制电路总按动作顺序画在两条水平线或两条垂直电源线之间，因此，控制电路可从左到右或从上到下进行分析。对于复杂的辅助电路，在电路中，整个辅助电路构成一条大回路，在这条大回路中又分为几条独立的小回路，每条独立的小回路控制一个用电器或一个动作。当某条独立的小回路形成闭合回路且有电流流过时，回路中的电气元件（接触器或继电器）动作，把用电器接入电源或断开电源。在辅助电路中，一般靠按钮或转换开关接通电路。对控制电路的分析必须随时结合主电路的动作要求来进行，只有全面了解了主电路对控制电路的要求，才能真正掌握控制电路的动作原理。不可孤立地看待主电路和控制电路各部分的动作原理，而应注意各动作之间是否有相互制约关系，如电机正、反转之间应设有联锁装置等。

（4）研究电气元件之间的相互关系。电路中的一切电气元件都不是孤立存在的，而是相互联系、相互制约的。这种相互控制的关系有时表现在一条回路中，有时表现在几条回路中。

（5）研究其他电气设备和电气元件，如整流设备、照明灯等。

 任务准备

一、外围设备、工具的准备

为完成工作任务，各小组需要向工作站内的仓库工作人员提供借用工具、设备清单，如表 2-2-5 所示。

表 2-2-5　借用工具、设备清单

容量	名称	数量	借出时间	学生签名	归还时间	学生签名	管理员签名
1							
2							
3							
4							
5							
6							
7							

二、团队分配方案

还等什么？赶快制订工作计划并实施。

任务实施

一、为了更好地完成任务，你可能需要回答以下问题

1．简述航空插头的选用原则。

2．简述绘制电气安装接线图应遵循的主要原则。

3．简述电气原理图的识读方法和步骤。

二、工作任务实施

以华数 HSR-JR608 六轴关节机器人为例，完成电气控制系统交流供电电路的安装与调试。

1. 识读电气原理图交流供电电路

HSR-JR608 六轴关节机器人的电气原理图如图 2-2-15 所示。

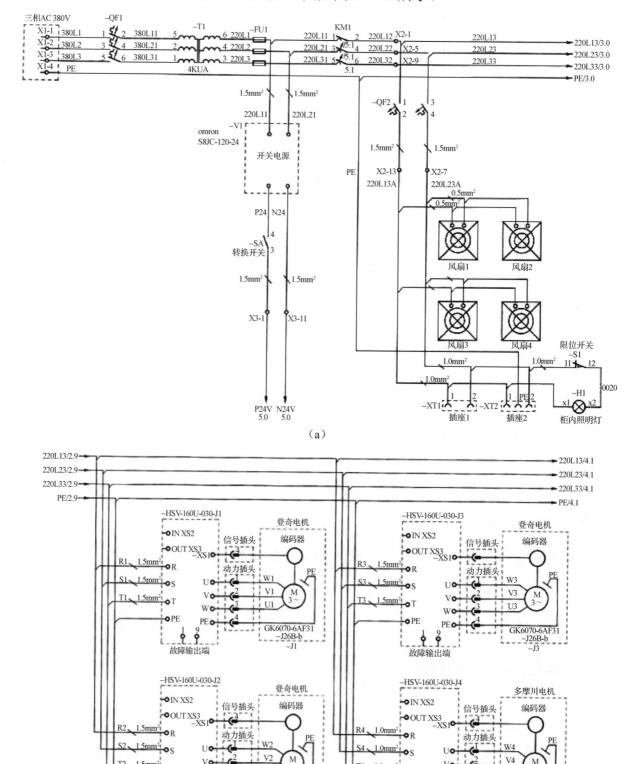

图 2-2-15　HSR-JR608 六轴关节机器人的电气原理图

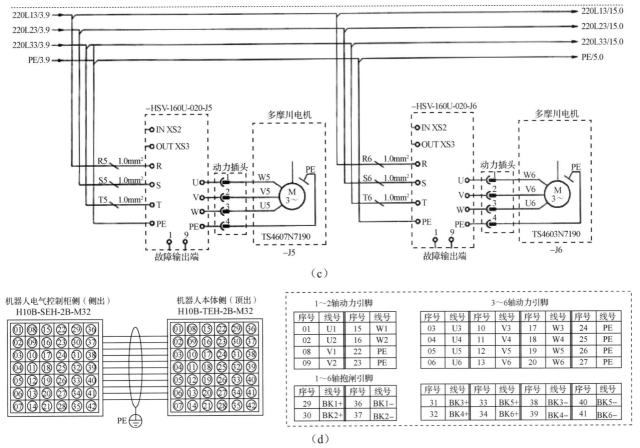

图 2-2-15 HSR-JR608 六轴关节机器人的电气原理图（续）

（1）工作任务分析。

本次工作任务的主要目的是为伺服驱动器、伺服电机、电气控制柜冷却风扇、电气控制柜照明灯和维修插座等交流用电设备提供合适的电源，并进行必要的电路保护。

① HSR-JR608 六轴关节机器人采用的是 HSV-160U 伺服驱动器。HSV-160U 伺服驱动器需要的额定电压为三相 AC 220V。为满足这样的供电需求，需要利用三相变压器把三相 AC 380V 的电源转变为三相 AC 220V。

② 伺服电机的动力电源是由伺服驱动器提供的。伺服驱动器输出的是一种频率可调、输出电压与电流不断变化的交流电源，该交流电源将直接连接到伺服电机绕组上，控制伺服电机旋转。

③ 电气控制柜冷却风扇、电气控制柜照明灯的额定工作电压为单相 220V。为了满足这样的供电需求，需要利用变压器把三相 AC 380V 的电源转变为单相 AC 220V。

④ 设置维修插座是为了以后维修电气控制柜方便。许多维修工具都需要用到单相 220V 的交流电源，因此需要把单相 AC 220V 的电源引入维修插座处。

⑤ 为了对电气控制柜进行手动通断电源的控制和电气保护，需要在电气控制柜进线处设置低压断路器与熔断器。

（2）电气原理图分析。

在图 2-2-15（a）中，左上角标注的 X1-1～X1-4 代表接线端子排，通过该接线端子排，可将外部的三相 AC 380V 电源接入电气控制柜。380L1、380L2、380L3 是三相 380V 的电源线，PE 是地线。

三相 AC 380V 电源首先接入低压断路器 QF1，低压断路器 QF1 在这里主要起电源总开关的作用，以及欠压、过载保护作用。

在低压断路器之后连接的是三相变压器 T1，该变压器所起的作用是把三相 AC 380V 电源转变为三相 AC 220V 电源后为伺服驱动器、电气控制柜冷却风扇、电气控制柜照明灯和维修插座供电。

从变压器二次侧出来的导线接入熔断器 FU1。熔断器 FU1 所起的作用是对电路进行短路保护。通过熔断器后，电路接入接触器 KM1 主触点。接触器 KM1 用于控制交流供电线路的通断。只有满足相应的控制条件后，接触器 KM1 主触点才会闭合，伺服驱动器、电气控制柜冷却风扇、电气控制柜照明灯和维修插座才有可能得到供电。

通过接触器 KM1 主触点后，导线接到 X2-1、X2-5、X2-9 接线端子排上，在其上进行跳线，为后面的各器件供电。

从 X2-1、X2-5 接线端子排上引 AC 220V 电源，连接到低压断路器 QF2 上，通过 QF2 为 4 个电气控制柜冷却风扇和两个维修插座、电气控制柜照明灯供电。低压断路器 QF2 对此回路进行电气保护。

从图 2-2-15（b）、（c）中可以看到 6 个伺服驱动器。伺服驱动器的额定电压是三相 AC 220V，该供电可以从 X2-1、X2-5、X2-9 接线端子排上得到，分别通入伺服驱动器的 R、S、T 端子上。

三相 AC 220V 电源在伺服驱动器内部经整流与逆变后被调制成供伺服电机运行的电源，并通过 U、V、W 端子输出。

从 U、V、W 端子输出到动力线航空插头的插座上，通过航空插头连接到伺服电机上。航空插头的引脚定义如图 2-2-15（d）所示。

2．布线工艺要求

（1）各元件的安装位置应整齐、匀称、间距合理、便于更换。

（2）布线通道要尽可能短，动力线与控制线最好分槽布置。

（3）主电路用黑色线，控制电路用红色线，接地线用黄、绿双色线。

（4）同一平面的导线应高低一致或前后一致，不能交叉，若非交叉不可，则导线应在接线端子引出时水平架空跨越，且必须走线合理。

（5）布线应横平竖直、分布均匀，变换走向时应垂直转向。

（6）布线时严禁损伤线芯和导线的绝缘层。

（7）布线顺序一般以接触器为中心，由里向外，由低至高，先控制电路后主电路，以不妨碍后续布线为原则。

（8）通电试运行前，必须征得教师同意，并由教师接通三相电源的电源线 L1、L2、L3，同时要有教师在现场监护。

3．根据电气原理图和电气安装接线图进行电路连接

电路连接的工作内容包括剥线、制作导线接头、标注线号和连接电路。按照以下步骤完成电路连接工作。

（1）把外部电源接入电气控制柜（外部电源与低压断路器 QF1 连接）。

（2）低压断路器 QF1 与变压器 T1 连接。

（3）变压器与熔断器 FU1 连接。

（4）连接伺服驱动器供电电路。

（5）伺服驱动器输出接口与伺服电机动力线连接。

（6）连接开关电源供电电路。

（7）电气控制柜冷却风扇与维修插座的电路连接。

（8）通过航空插头连接伺服电机与伺服驱动器。

4．检查所接电路

按照如下步骤用万用表依次检查电路的连接情况。

（1）打开万用表，接好红、黑表笔，并把万用表调整到测量电路通断的挡位。

（2）根据表 2-2-6 中的内容依次测量电路的通断，并做好测量记录。若实际测量结果与理论结果不一致，则查找原因并做好记录。

表 2-2-6　电路的通断测量记录

测量方法与测量位置	测量结果（通/断）（情况记录）	实际测量结果与理论结果是否一致	若结果不一致，则分析原因
1．闭合低压断路器 QF1 2．测量 X1-1、X1-2、X1-3 端子到变压器 T1 的 1、2、5 端子是否接通			
变压器 T1 的 6、4、3 端子到接触器 KM1 主触点 1、3、5 端子是否接通			
接触器 KM1 主触点 2、4、6 端子到各轴的伺服驱动器 R、S、T 端子是否接通			
1．闭合转换开关 2．测量变压器 T1 的 6、4 端子到开关电源的交流输入端是否接通			

在进行工业机器人电气控制系统交流供电电路的安装与调试的过程中遇到了哪些问题？是如何解决的？请记录在表 2-2-7 中。

表 2-2-7　工业机器人电气控制系统交流供电电路的安装与调试情况记录

遇到的问题	解决方法

完成后，请仔细检查，客观评价，及时反馈。

任务评价

一、成果展示

各小组派代表上台总结在完成任务的过程中学会了哪些技能，发现错误后如何改正，并在教师的监护下进行示范操作。

二、学生自我评估与总结

_____

_____ 。

三、小组评估与总结

_____

_____ 。

四、教师评估与总结

_____

_____ 。

五、各小组对工作岗位的"6S"处理

在各小组成员都完成工作任务总结后，必须对自己的工作岗位进行"6S"处理，并归还所借的工具和实习工件。

六、评价表

工业机器人电气控制系统交流供电电路的安装与调试评价表如表 2-2-8 所示。

表 2-2-8　工业机器人电气控制系统交流供电电路的安装与调试评价表

班级：＿＿＿＿＿＿　小组：＿＿＿＿＿＿　姓名：＿＿＿＿＿＿		指导教师：＿＿＿＿＿＿　日期：＿＿＿＿＿＿					
评价项目	评价标准	评价依据	评价方式			权重	得分小计
			学生自评（20%）	小组互评（30%）	教师评价（50%）		
职业素养	1. 遵守企业规章制度、劳动纪律 2. 按时按质完成工作任务 3. 积极主动承担工作任务，勤学好问 4. 人身安全与设备安全 5. 工作岗位"6S"完成情况	1. 出勤 2. 工作态度 3. 劳动纪律 4. 团队协作精神				0.3	

班级：_____	指导教师：_____						
小组：_____	日期：_____						
姓名：_____							

评价项目	评价标准	评价依据	评价方式			权重	得分小计
			学生自评（20%）	小组互评（30%）	教师评价（50%）		
专业能力	1．掌握电气原理图的识读方法和步骤 2．根据电气原理图进行工业机器人电气控制系统交流供电电路的安装 3．进行工业机器人电气控制系统交流供电电路的检查与调试	1．操作的准确性和规范性 2．工作页或项目技术总结的完成情况 3．专业技能任务完成情况				0.5	
创新能力	1．在任务完成过程中能提出具有一定见解的方案 2．在教学或生产管理上提出建议，具有创新性	1．方案的可行性和意义 2．建议的可行性				0.2	
合计							

任务3　工业机器人电气控制系统直流供电电路的安装与调试

学习目标

◇ 知识目标：

1．掌握 PLC 单元通信子模块的功能与接口定义。

2．掌握 PLC 单元开关量输入/输出子模块的功能与接口定义。

3．掌握开关电源的结构，以及选用和使用注意事项。

4．熟悉继电器、电磁阀等低压电器的作用和工作原理。

◇ 能力目标：

1．会进行 PLC 单元输入/输出接口的连接。

2．能根据电气原理图完成工业机器人电气控制系统直流供电电路的安装。

3．会进行工业机器人电气控制系统直流供电电路的检查与调试。

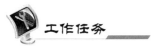

工作任务

通过学习，完成工业机器人电气控制系统直流供电电路的安装与调试。

工业机器人保养与维护

相关知识

一、IPC 单元、PLC 单元与示教器

1．IPC 单元

IPC 单元是工业机器人的核心控制单元，主要功能是控制各个轴的协调运动，完成工业机器人运动轨迹控制要求。它的供电电源接口名称是 POWER，额定工作电压为 DC 24V。华数 HSR-JR608 六轴关节机器人的 IPC 单元接口示意图如图 2-3-1 所示。为 IPC 单元供电的开关电源的输出功率应不小于 50W。

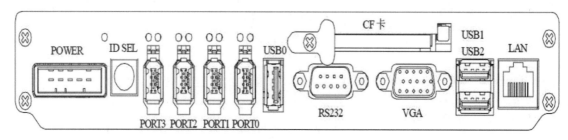

图 2-3-1　华数 HSR-JR608 六轴关节机器人的 IPC 单元接口示意图

（1）POWER：DC 24V 供电电源接口。

（2）PORT0～PORT3：NCUC 总线连接接口。

（3）USB0：外部 USB1.1 接口。

（4）RS232：内部使用的串口。

（5）VGA：内部使用的视频信号口。

（6）USB1、USB2：内部使用的 USB2.0 接口。

（7）LAN：外部标准以太网接口。

2．PLC 单元

PLC 单元也是工业机器人的核心控制单元，主要完成开关量的控制工作，用于接收外部开关量控制命令，通过内部程序运算对外输出，控制继电器、电磁阀等输出器件，如控制工业机器人的启动和停止，控制各关节轴抱闸的抱紧与释放、手指关节对物体的抓持与松开等。

（1）PLC 单元的接口。

HSR-JR608 六轴关节机器人的 PLC 单元采用总线式输入/输出，由底板子模块、通信子模块、开关量输入/输出子模块和模拟量输入/输出子模块组成。其中，底板子模块、通信子模块是必选模块；开关量输入/输出子模块和模拟量输入/输出子模块可以根据实际控制需求进行选择配置，但最多可扩展 16 个输入/输出单元。

采用不同的底板子模块可以组建两种输入/输出单元。其中，HIO-1009 型底板子模块可提供 1 个通信子模块插槽和 8 个功能子模块插槽，组建的输入/输出单元称为 HIO-1000A 型总线式输入/输出单元；HIO-1006 型底板子模块可提供 1 个通信子模块插槽和 5 个功能子模块插槽，组建的输入/输出单元称为 HIO-1000B 型总线式输入/输出单元。

开关量输入/输出子模块提供 16 路开关量输入/输出信号，有 NPN 型、PNP 型两种接口。NPN 型接口叫作低电平有效接口，PNP 型接口叫作高电平有效接口。模拟量输入/输出子模块提供 4 通道 A/D 信号和 4 通道 D/A 信号。各子模块的接口名称、型号和说明如表 2-3-1 所示，PLC 单元结构示意图如图 2-3-2 所示。

表 2-3-1　各子模块的接口名称、型号和说明

子模块接口名称		子模块型号	说明
底板子模块	9 槽底板子模块	HIO-1009	提供 1 个通信子模块插槽和 8 个功能子模块插槽
	6 槽底板子模块	HIO-1006	提供 1 个通信子模块插槽和 5 个功能子模块插槽
通信子模块	NCUC 总线协议通信子模块（1394-6 火线接口）	HIO-1061	—
	NCUC 总线协议通信子模块（SC 光纤接口）	HIO-1063	—
开关量子模块	NPN 型开关量输入子模块	HIO-1011N	每个子模块提供 16 路 NPN 型 PLC 开关量输入信号接口，低电平有效
	PNP 型开关量输入子模块	HIO-1011P	每个子模块提供 16 路 PNP 型 PLC 开关量输入信号接口，高电平有效
	NPN 型开关量输出子模块	HIO-1021N	选配，每个子模块提供 16 路 NPN 型 PLC 开关量输出信号接口，低电平有效
模拟量子模块	模拟量输入/输出子模块	HIO-1073	选配，每个子模块提供 4 路模拟量输入信号接口和 4 路模拟量输出信号接口

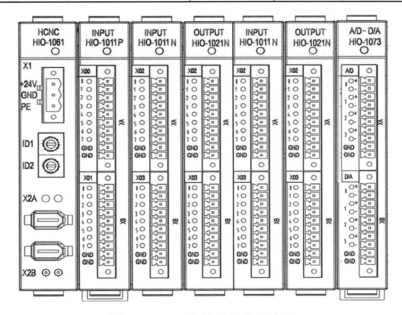

图 2-3-2　PLC 单元结构示意图

（2）PLC 单元的通信子模块的功能和接口。

PLC 单元的通信子模块（HIO-1061）负责完成通信功能并提供电源输入接口。PLC 单元的通信子模块的功能和接口如图 2-3-3 所示。

X1 接口：总线式 I/O 单元的工作电源接口，需要外部提供 DC 24V 电源，电源输出功率不

小于 50W。

由通信子模块引入的电源为总线式 I/O 单元的工作电源，该电源最好与输入/输出子模块涉及的外部电路（PLC 电路，如无触点开关、行程开关、继电器等）采用不同的开关电源，开关电源称为 PLC 电路电源。

X2A、X2B 接口：NCUC 总线连接接口，用于在控制系统内构成 NCUC 总线。

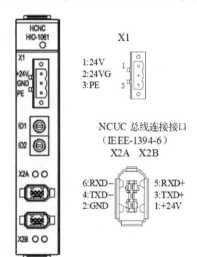

信号名称	说明
24V	直流24V电源
24VG	直流24V电源地
PE	接地

信号名称	说明
+24V	直流24V电源
GND	直流24V电源地
TXD+	数据发送
TXD−	数据发送
RXD+	数据接收
RXD−	数据接收

图 2-3-3　PLC 单元的通信子模块的功能和接口

（3）PLC 单元的开关量输入/输出子模块的功能和接口。

① PLC 单元的开关量输入子模块的功能和接口。

PLC 单元的开关量输入子模块的接口电路采用光电耦合电路将限位开关、手动开关等现场输入设备的控制信号转化为 CPU 能接收和受理的数字信号。PLC 单元的开关量输入子模块的接口示意图如图 2-3-4 所示。

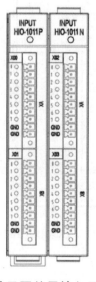

图 2-3-4　PLC 单元开关量输入子模块接口示意图

PLC 单元的开关量输入子模块包括 NPN 型（HIO-1011N）和 PNP 型（HIO-1011N）两种，它们的区别在于 NPN 型为低电平有效（见图 2-3-5），PNP 型为高电平（+24V）有效（见

图 2-3-6）。每个 PLC 单元的开关量输入子模块都提供 16 个输入点的开关量信号，输入点的名称为 X*m.n*。其中，X 代表开关量输入子模块，*m* 代表字节号，*n* 代表 *m* 字节内的位地址。GND 为接地端，用于提供标准电位。

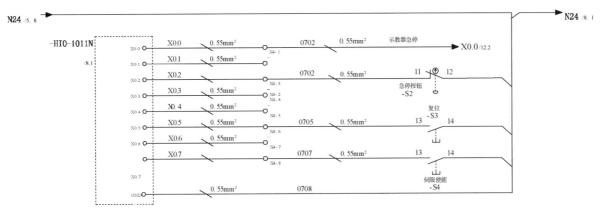

图 2-3-5　低电平有效电路连接示意图

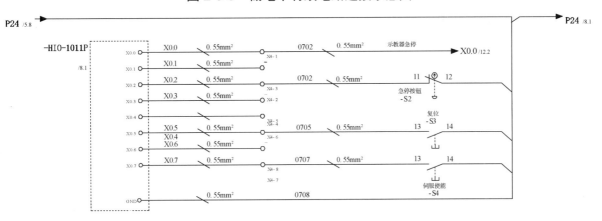

图 2-3-6　高电平有效电路连接示意图

② PLC 单元的开关量输出子模块的功能和接口。

PLC 单元的开关量输出子模块的接口（见图 2-3-7）将 PLC 单元的运算结果对外输出，并控制继电器、电磁阀等执行元件。当 PLC 单元的开关量输出子模块（HIO-1021N）为 NPN 型时，有效输出为低电平；当为 PNP 型时，有效输出为高阻状态。每个 PLC 单元的开关量输出子模块都提供 16 个输出点的开关量信号，输出点的名称为 Y*m.n*。其中，Y 代表开关量输出子模块，*m* 代表字节号，*n* 代表 *m* 字节内的位地址。GND 为接地端，用于提供标准电位。

PLC 单元的开关量输入/输出子模块的 GND 端子应与 PLC 电路电源的电源地可靠连接。

3．示教器

示教器主要用于操作人员与工业机器人交换信息，操作人员通过示教器发布命令，工业机器人的运行情况通过示教器进行显示。

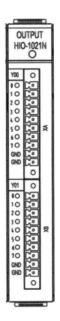

图 2-3-7　PLC 单元的开关量输出子模块的接口示意图

示教器电路连接主要包括 3 部分，即示教器供电电源的连接、示教器与 IPC 单元的通信、示教器与 PLC 单元的信号连接。

二、开关电源

开关电源是利用现代电力电子技术控制开关晶体管开通和关断的时间比率，以维持稳定输出电压的一种电源，一般由脉冲宽度（脉宽）调制（PWM）控制 IC 和 MOSFET 构成。随着现代电力电子技术的发展和创新，开关电源的相关技术也在不断地创新。目前，开关电源以小型、轻量和高效率的特点被广泛应用于几乎所有的电子设备中，是当今电子信息产业飞速发展不可缺少的一种电源。

1．开关电源的结构

开关电源主要由主电路、控制电路、检测/比较/放大电路、辅助电源 4 部分组成，如图 2-3-8 所示。

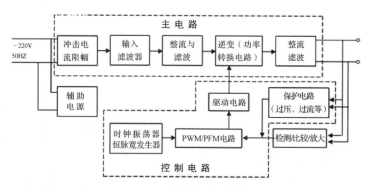

图 2-3-8　开关电源的结构

（1）主电路。

① 冲击电流限幅：限制接通电源瞬间输入侧的冲击电流。

② 输入滤波器：过滤电网中存在的杂波和阻碍本机产生的杂波并反馈给电网。

③ 整流与滤波：将电网交流电直接整流为较平滑的直流电。

④ 逆变：将整流后的直流电转变为高频交流电，这是高频开关电源的核心部分。

⑤ 整流滤波：根据负载需要，提供稳定可靠的直流电源。

（2）控制电路。

控制电路的作用：一方面，它从输出端取样与设定值进行比较，通过控制逆变器，改变其脉宽和脉频，使输出稳定；另一方面，根据检测/比较/放大电路提供的数据，经保护电路鉴别后提供给控制电路，对电源进行各种保护。

（3）检测/比较/放大电路。

检测/比较/放大电路用于提供保护电路中正在运行的各种参数和各种仪表数据。

2．选择开关电源的注意事项

（1）选用合适的输入电压规格。

（2）选择合适的额定功率。为了使开关电源的寿命增长，可选用开关电源的额定功率为额定输出功率30%的机种。

（3）考虑负载特性。如果负载是电机、灯泡或电容性负载，那么开机瞬间电流较大，应选用合适的开关电源以免过载；如果负载是电机，那么还应考虑停机时的电压倒灌。

（4）考虑开关电源的工作环境温度，以及有无额外的辅助散热设备。在过高的环境温度下，开关电源需要降额输出。

（5）根据需要选择以下各项功能。

① 保护功能：过压保护（OVP）、过温度保护（OTP）、过载保护（OLP）等。

② 应用功能：信号功能（供电正常、供电失效）、遥控功能、遥测功能、并联功能等。

③ 特殊功能：功因校正（PFC）功能、不断电（UPS）功能。

（6）选择符合安全规范和经电磁兼容（EMC）认证的开关电源。

3. 使用开关电源的注意事项

（1）在使用开关电源前，先确定输入/输出电压的规格与所用开关电源的标称值是否相符。

（2）通电前，检查输入/输出的引线是否连接正确，以免损坏用户设备。

（3）检查安装是否牢固、安装螺钉与开关电源线路板上的器件有无接触，测量外壳与输入/输出的绝缘电阻，以免触电。

（4）为保证使用的安全性和减少干扰，应确保接地端可靠接地。

（5）多路输出的开关电源一般分主、辅输出，主输出优于辅输出，一般情况下，输出电流大的为主输出。

（6）开关电源频繁开关会影响其寿命，因此应避免频繁开关。

（7）工作环境和带载程度也会影响开关电源的寿命。

三、与 PLC 单元连接的低压电器

1. 电磁继电器

继电器是一种控制器件，通常用在自动控制电路中，它实际上是用较小的电信号控制较高（大）电压（电流）的一种"自动开关"，故在电路中起着自动调节、信号放大、安全保护、转换电路等作用。继电器的种类较多，如电磁继电器、舌簧继电器、启动继电器、限时继电器、直流继电器、交流继电器等。工业机器人电路中应用的主要是电磁继电器。

（1）电磁继电器的结构。

电磁继电器的典型结构如图 2-3-9 所示。电磁继电器

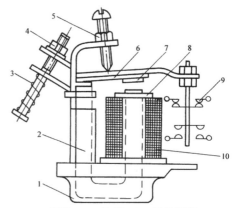

1—底座；2—铁芯；3—释放弹簧；
4、5—调节螺母；6—衔铁；7—非磁性垫片；
8—极靴；9—触点；10—线圈。

图 2-3-9 电磁继电器的典型结构

一般由铁芯、线圈、衔铁、触点等组成。其中，线圈的作用是把电能量转变成磁场能量，铁芯的作用是减小磁场构成的回路中的磁阻，触点用于接通或断开电路。

电磁继电器常开触点与常闭触点的区分方式：当电磁继电器线圈未通电时，处于断开状态的静触点称为常开触点，处于接通状态的静触点称为常闭触点。

（2）电磁继电器的工作原理。

只要在线圈两端加上一定的电压，线圈中就会流过一定的电流，从而产生电磁效应，衔铁会在电磁力吸引的作用下克服弹簧的拉力而被吸向铁芯，带动衔铁的动触点与常开触点（静触点）吸合。当线圈断电后，电磁力也随之消失，衔铁就会在弹簧的反作用力下返回原来的位置，使动触点与原来的常闭触点（静触点）释放。这样的吸合、释放达到了在电路中导通、切断电源的目的。

（3）中间继电器。

中间继电器是常用的继电器之一，它实质上是一种电压继电器，其结构与接触器的结构基本相同。中间继电器的特点是触点数量较多，在电路中起增加触点数量和中间放大的作用。中间继电器的体积小、动作灵敏度高，一般不用于直接控制电路的负载。另外，在控制电路中，中间继电器还有调节各继电器、开关之间的动作时间和防止电路误动作的作用。中间继电器的文字符号、图形符号如图 2-3-10 所示。

（4）电磁继电器的特性、主要参数和整定方法。

① 电磁继电器的特性。

电磁继电器的主要特性是输入-输出特性，又称为继电特性。继电器特性曲线如图 2-3-11 所示。在电磁继电器输入量 X 由 0 增至 X_0 之前，其输出量 Y 为 0；当输入量 X 增至 X_0 时，电磁继电器吸合，输出量 Y 为 1；若输入量 X 继续增大，则输出量 Y 保持不变。当输入量 X 减小到 X_1 时，电磁继电器释放，输出量 Y 由 1 变为 0；若输入量 X 继续减小，则输出量 Y 均为 0。

在图 2-3-11 中，X_0 称为继电器吸合值，要使继电器吸合，输入量 X 必须大于或等于 X_0；X_1 称为继电器释放值，要使继电器释放，输入量 X 必须小于或等于 X_1。

图 2-3-10 中间继电器的文字符号、图形符号

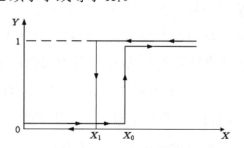

图 2-3-11 继电特性曲线

k 是继电器的重要参数之一，称为继电器的返回系数，$k=X_1/X_0$。k 值是可以调节的，不同场合对 k 值的要求不同。例如，一般控制继电器要求 k 值小些，为 0.1～0.4，这样，在继电器吸合后，当输入量波动较大时，不致引起误动作；保护继电器要求 k 值大些，一般为 0.85～

0.9。k 值是反映吸力特性与反力特性配合紧密程度的一个参数，一般 k 值越大，继电器的灵敏度越高；k 值越小，继电器的灵敏度越低。

② 电磁继电器的主要参数。

A. 额定参数：电磁继电器的线圈和触点在正常工作时允许的电压与电流值。

B. 动作参数：电磁继电器的吸合值和释放值。对于电压继电器，动作参数为吸合电压和释放电压；对于电流继电器，动作参数为吸合电流和释放电流。

C. 整定值：根据要求，对电磁继电器的动作参数进行人工调整的值。

D. 返回系数：电磁继电器的释放值与吸合值的比值，用 k 表示。不同的应用场合要求电磁继电器的返回系数不同。

E. 动作时间：吸合时间和释放时间。吸合时间指从线圈接收电信号到衔铁完全吸合所需的时间；释放时间指从线圈断电到衔铁完全释放所需的时间。

③ 电磁继电器的整定方法。

电磁继电器的动作参数可以根据保护要求在一定范围内调整。

A. 调整释放弹簧的松紧程度。弹簧反作用力越大，电磁继电器的动作值就越大；反之动作值越小。

B. 改变非磁性垫片的厚度。非磁性垫片越厚，衔铁吸合后磁路的气隙和磁阻越大，释放值也越大；反之释放值越小，而吸合值则不变。

C. 改变初始气隙的大小。当弹簧反作用力和非磁性垫片厚度一定时，初始气隙越大，吸合值越大；反之吸合值越小，而释放值则不变。

2. 控制按钮

控制按钮是一种用来接通或分断小电流电路的低压手动电器，其结构简单且应用广泛，属于控制电器。在低压控制系统中，控制按钮手动发出控制信号，可远距离操作各种电磁开关，如继电器、接触器等；还可转换各种信号电路和电气联锁电路。

（1）工作原理。

控制按钮的结构和图形符号如图 2-3-12 所示。控制按钮由按钮帽、常闭触点、常开触点、复位弹簧和动触点构成。控制按钮中的触点可根据实际需要配成不同的形式。当将按钮帽按下时，下面一对原来断开的静触点被桥式动触点接通，以接通某一控制电路；而上面一对原来接通的静触点则断开，以断开另一控制电路。按钮帽释放后，在复位弹簧的作用下，按钮触点自动复位的先后顺序与按钮接通时的顺序相反。通常，在无特殊说明的情况下，有触点电器的触点动作顺序均为"先断后合"。

在电气控制线路中，常开按钮常用于启动电机，也称为启动按钮；常闭按钮常用于控制电机停车，也称为停止按钮；复合按钮用在联锁控制电路中。

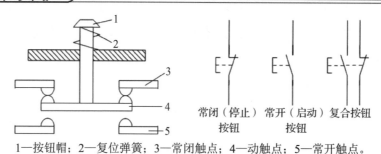

1—按钮帽；2—复位弹簧；3—常闭触点；4—动触点；5—常开触点。

图 2-3-12 控制按钮的结构和图形符号

（2）种类形式。

控制按钮的种类很多，按结构划分有嵌压式、紧急式、钥匙式、旋钮式、带灯式等。为了标明各控制按钮的作用，避免误操作，通常将按钮帽做成不同的颜色，以示区别。按钮帽的颜色有红、绿、黑、黄、蓝等，一般用红色表示停止按钮，用绿色表示启动按钮。

（3）选择原则。

控制按钮的选择主要根据使用场合、被控电路所需触点数、触点形式和按钮的颜色等综合考虑。使用前应检查控制按钮的动作是否灵活、弹性是否正常、触点接触是否良好可靠。由于控制按钮的触点间距较小，因此应注意触点间的漏电或短路情况。

① 根据使用场合，选择控制按钮的种类，如开启式、防水式、防腐式等。

② 根据用途，选用合适的控制按钮形式，如钥匙式、紧急式、带灯式等。

③ 按控制回路的需要确定不同的控制按钮数，如单钮、双钮、三钮、多钮等。

④ 按工作状态指示和工作情况的要求选择控制按钮和指示灯的颜色。

（4）型号。

通常控制按钮有单式、复式和三联式 3 种类型，主要产品有 LA18、LA19 和 LA20 系列。LA18 系列控制按钮采用积木式结构，其触点数量可根据需要进行拼装，一般拼装成两动合两动断形式；还可按需要拼装成一动合一动断至六动合六动断形式。按结构形式分类，控制按钮可分为开启式、旋钮式、紧急式与钥匙式等。LA20 系列控制按钮有带指示灯和不带指示灯两种。

控制按钮的型号含义如图 2-3-13 所示。

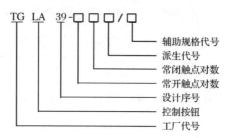

图 2-3-13 控制按钮的型号含义

3. 电磁阀

电磁阀是用电磁控制的工业设备，是用来控制流体的自动化基础元件，属于执行器，并不限于液压、气动。在工业控制系统中，电磁阀用于调整介质的方向、流量、速度和其他参数。电磁阀可以通过配合不同的电路实现预期控制，而控制的精度和灵活性都能得到保证。电磁阀有很多种，不同的电磁阀在控制系统的不同位置发挥作用，常用的有单向阀、安全阀、方向控制阀、速度调节阀等。

（1）工作原理。

电磁阀里有密闭的腔，并在不同位置开有通孔，每个通孔连接不同的油管，腔中间是活塞，两边是两块电磁铁，哪边的磁铁线圈通电，阀体就会被吸引到哪边；通过控制阀体的移动来开启或关闭不同的排油孔（出口），而进油孔（入口）是常开的，液压油会进入不同的排油管，通过油的压力推动油缸的活塞；活塞又带动活塞杆，活塞杆再带动机械装置。这样，通过控制电磁铁的电流通断就控制了机械运动。电磁阀工作原理示意图如图 2-3-14 所示。

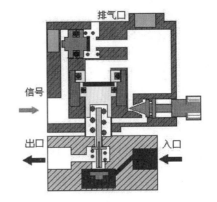

图 2-3-14　电磁阀工作原理示意图

（2）主要分类。

按工作原理划分，电磁阀分为以下三大类。

① 直动式电磁阀：通电时，电磁线圈产生电磁力，把关闭件从阀座上提起，阀门打开；断电时，电磁力消失，弹簧把关闭件压在阀座上，阀门关闭。直动式电磁阀的特点：在真空、负压、零压时都能正常工作，但通径一般不超过 25mm。

② 分步直动式电磁阀：一种直动式和先导式相结合的电磁阀，当入口与出口没有压差时，通电后，电磁力直接把向导小阀和主阀关闭件依次向上提起，阀门打开。当入口与出口达到启动压差时，通电后，电磁力打开向导小阀，使主阀下腔压力上升，主阀上腔压力下降，从而利用压差把主阀向上推开；断电时，向导小阀利用弹簧力或介质压力推动关闭件向下移动，阀门关闭。分步直动式电磁阀的特点：在零压差或真空、高压时也能动作，但必须水平安装。

③ 先导式电磁阀：通电时，电磁力把先导孔打开，上腔室压力迅速下降，在关闭件周围形成上低下高的压差，流体压力推动关闭件向上移动，阀门打开；断电时，弹簧力把先导孔关闭，入口压力通过旁通孔迅速在关闭件周围形成下低上高的压差，流体压力推动关闭件向下移动，关闭阀门。先导式电磁阀的特点：流体压力范围上限较高，可任意安装（定制），但必须满足流体压差条件。

根据结构和材料的不同与工作原理的区别，电磁阀分为 6 类结构：直动膜片结构、分步直动膜片结构、先导膜片结构、直动活塞结构、分步直动活塞结构、先导活塞结构。

按功能分类，电磁阀分为水用电磁阀、蒸汽电磁阀、制冷电磁阀、低温电磁阀、燃气电磁阀、消防电磁阀、氨用电磁阀、气体电磁阀、液体电磁阀、微型电磁阀、脉冲电磁阀、液压电磁阀、常开电磁阀、油用电磁阀、直流电磁阀、高压电磁阀、防爆电磁阀等。

（3）常见类型。

电磁阀的常见类型包括二位二通通用型阀、热水/蒸汽阀、二位三通阀、二位四通阀、二位五通阀、本安型防爆电磁阀、低功耗电磁阀、手动复位电磁阀、精密微型阀、阀位指示器等。

电磁阀的外观如图 2-3-15 所示。

图 2-3-15　电磁阀的外观

（4）主要特点。

① 外漏易杜绝，内漏易控，使用安全。内、外漏是危及安全的要素。自控阀通常将阀杆伸出，由电动、气动、液动执行机构控制阀芯的转动或移动。这解决了长期动作阀杆动密封的外漏难题。电磁阀利用电磁力作用于密封在隔磁套管内的铁芯完成动作，不存在动密封，因此外漏易杜绝。电磁阀的结构形式容易控制内漏，直至压力降为零。因此，电磁阀使用特别安全，尤其适用于腐蚀性、有毒或高低温的介质。

② 系统简单，便于连接计算机，价格低廉。电磁阀本身结构简单，价格也低，比调节阀等其他种类的执行器件更易安装维护，而且组成的控制系统简单得多，价格也低得多。电磁阀是由开关信号控制的，因此与工控计算机连接十分方便。

③ 动作快速，功率微小，外形轻巧。电磁阀的响应时间可以短至几毫秒，即使是先导式电磁阀，也可以将响应时间控制在几十毫秒内。由于自成回路，因此电磁阀比其他自控阀反应更灵敏。设计得当的电磁阀的线圈功耗很低，属节能产品，可做到触发动作、自动保持阀位，平时不耗电。电磁阀外形尺寸小，既节省空间，又轻巧美观。

④ 调节精度受限，适用介质受限。电磁阀通常只有开、关两种状态，阀芯只能处于两个极限位置，不能连续调节，因此调节精度受到一定限制。电磁阀对介质洁净度有较高的要求，含颗粒状的介质适用，含杂质的介质应先过滤。另外，黏稠状介质不能使用电磁阀，而且特定的产品适用的介质黏度范围相对较窄。

⑤ 型号多样，用途广泛。电磁阀虽有先天不足，但优点仍十分突出，用途极为广泛，因此可设计成多种多样的产品，以满足不同的需求。

电磁阀技术的进步都是围绕如何克服先天不足、如何更好地发挥固有优势而展开的。

任务准备

一、外围设备、工具的准备

为完成工作任务，每个小组需要向工作站内仓库工作人员提供借用工具、设备清单，如表 2-3-2 所示。

表 2-3-2　借用工具、设备清单

容量	名称	数量	借出时间	学生签名	归还时间	学生签名	管理员签名
1							
2							
3							
4							
5							
6							
7							

二、团队分配方案

还等什么？赶快制订工作计划并实施。

任务实施

一、为了更好地完成任务，你可能需要回答以下问题

1．简述使用开关电源的注意事项。

2．简述先导式电磁阀的工作原理。

二、工作任务实施

以华数 HSR-JR608 六轴关节机器人为例，完成电气控制系统直流供电电路的安装与调试。

1. 识读电气原理图直流供电电路

HSR-JR608 六轴关节机器人的电气原理图如图 2-3-16 所示。

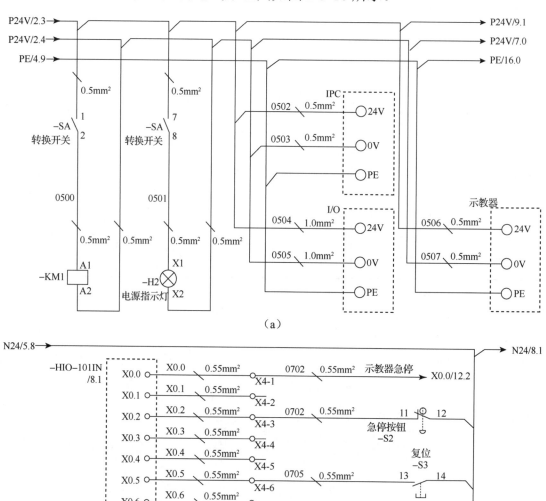

图 2-3-16　HSR-JR608 六轴关节机器人的电气原理图

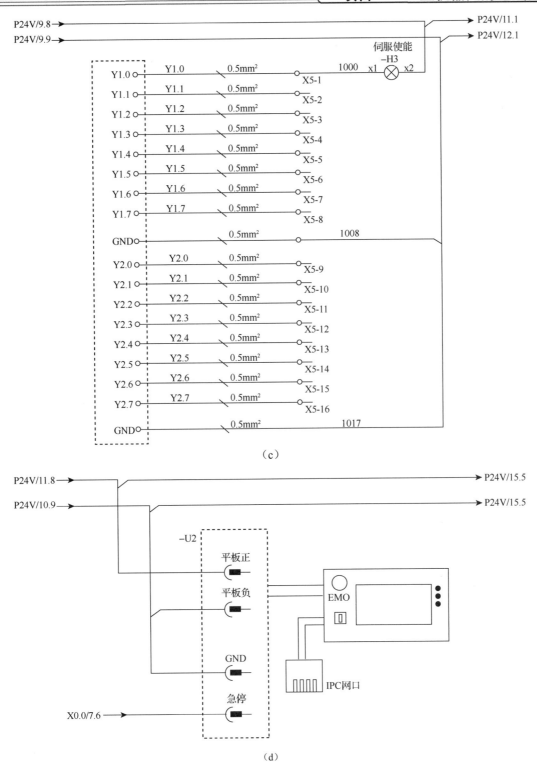

图 2-3-16 HSR-JR608 六轴关节机器人的电气原理图（续）

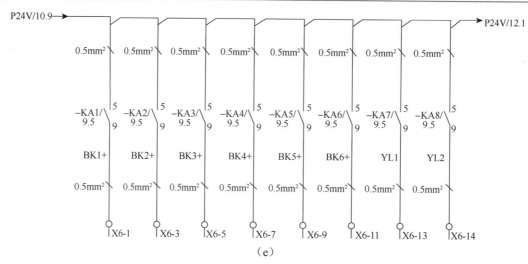

(e)

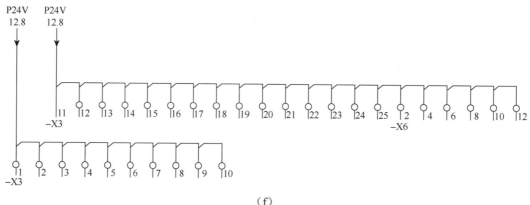

（f）

图 2-3-16　HSR-JR608 六轴关节机器人的电气原理图（续）

（1）工作任务分析。

本次工作任务的主要目的是为 HSR-JR608 六轴关节机器人的 IPC 单元、示教器与 PLC 单元供电，并对 PLC 单元输入/输出接口进行连接。

① IPC 单元、示教器与 PLC 单元的额定工作电压都是 DC 24V。该电源是由开关电源提供的，开关电源把 AC 220V 的电源转变为 DC 24V。

② 根据电气原理图对 PLC 单元输入接口进行接线，完成急停、复位和伺服使能的功能。

③ 根据电气原理图对 PLC 单元输出接口进行接线，完成 6 个轴的抱闸控制。

（2）电气原理图分析。

在 HSR-JR608 六轴关节机器人电气控制柜内，所有 DC 24V 电源都是由开关电源提供的，把 AC 220V 的电源连接到开关电源的 L 端和 N 端，那么在+V 和−V 端将得到 DC 24V 的电源。电源线号为 P24V 和 N24V，P24V 为电源的高电位，N24V 为电源的低电位。

在图 2-3-16（a）中，当转换开关 SA 闭合后，DC 24V 电源接通了电源指示灯电路和接触器 KM1 线圈电路，当接触器 KM1 线圈电路得电后，接触器 KM1 主触点闭合，使得 6 个伺服驱动器的动力电源接通。图 2-3-16（a）的右侧描述的是 DC 24V 电源为 IPC 单元、示教器与 PLC 单元供电的情况。图 2-3-16（b）描述的是 PLC 单元输入接口板的接线情况，该接口板采用的是 HIO-1011N 型，特点是以低电平作为有效信号。这就需要通过控制按钮把 N24V 接入相应的接口。同时，N24V 需要接到 GND 端子上。

图 2-3-16（c）描述的是 PLC 单元输出接口板的接线情况。PLC 单元输出接口控制的是继电器 KA 的通断，KA 线圈由外部开关电源供电。N24V 作为公共端接入 PLC 单元输出接口板的 GND 端子上。

图 2-3-16（d）描述的是示教器的急停连接与电源供电方式。

图 2-3-16（e）描述的是继电器触点控制轴抱闸的电路。

图 2-3-16（f）描述的是接线端子排 X3 上 DC 24V 的跳线分布。

2．布线工艺要求

（1）各元件的安装位置应整齐、匀称、间距合理、便于更换。

（2）布线通道要尽可能短，动力线与控制线最好分槽布置。

（3）主电路用黑色线，控制电路用红色线，接地线用黄、绿双色线。

（4）同一平面的导线应高低一致或前后一致，不能交叉。若非交叉不可，则该导线应在接线端子引出时，水平架空跨越，且必须走线合理。

（5）布线应横平竖直、分布均匀，变换走向时应垂直转向。

（6）布线时严禁损伤线芯和导线绝缘层。

（7）布线顺序一般以接触器为中心，由里向外，由低至高，先控制电路后主电路，以不妨碍后续布线为原则。

3．根据电气原理图和电气安装接线图进行电路连接工作

根据电气原理图和电气安装接线图进行电路连接的工作内容包括剥线、制造导线接头、标注线号和连接电路。按照以下步骤完成电路连接工作。

（1）连接开关电源直流输出端子到接线端子排，按照电气安装接线图分布好跳线。

（2）由接线端子排区 DC 24V 电源为 IPC 单元、PLC 单元、示教器供电。

（3）通过控制按钮等输入器件为 PLC 单元输入端子提供标准信号。

（4）连接 PLC 单元输出端子与继电器电路，利用 DC 24V 电源为继电器供电。

（5）利用继电器触点控制各轴的电磁抱闸电路。

（6）连接电源指示灯电路与接触器 KM1 线圈供电电路。

4．检查所接电路

利用万用表按以下步骤依次检查所接电路的连接情况。

（1）打开万用表，接好红、黑表笔，把万用表调整到测量电路通断的挡位。

（2）根据表 2-3-3 中的内容，依次测量电路的通断，并做好测量记录，如果实际测量结果与理论结果不一致，则应查找原因并做好记录。

表 2-3-3　测量记录

测量方法与测量位置	测量结果（通/断） （情况记录）	实际测量结果与 理论结果是否一致	若结果不一致， 则分析原因
测量开关电源 DC 24V 端子到 IPC 单元电源接口是否接通，检查电源极性是否正确			
测量开关电源 DC 24V 端子到 PLC 单元电源接口是否接通，检查电源极性是否正确			
测量开关电源 DC 24V 端子到示教器电源接口是否接通，检查电源极性是否正确			
检查示教器急停按钮信号连接是否正确			
检查电气系统控制柜中的急停按钮连接是否正确			
检查复位按钮连接是否正确			
检查 N24V 与 PLC 单元输入端子 GND 的连接情况			
检查 N24V 与 PLC 单元输出端子 GND 的连接情况			
检查 KA1～KA6 这 6 个继电器线圈的电路连接情况			
检查各轴抱闸电路的连接情况			

在进行工业机器人电气控制系统直流供电电路的安装与调试的过程中遇到了哪些问题？是如何解决的？请记录在表 2-3-4 中。

表 2-3-4　工业机器人电气控制系统直流供电电路的安装与调试情况记录

遇到的问题	解决方法

完成后，请仔细检查，客观评价，及时反馈。

任务评价

一、成果展示

各小组派代表上台总结在完成任务的过程中学会了哪些技能，发现错误后如何改正，并在教师的监护下进行示范操作。

二、学生自我评估与总结

_____

_____。

三、小组评估与总结

_____

_____。

四、教师评估与总结

_____

_____。

五、各小组对工作岗位的"6S"处理

各小组都完成工作任务总结后，必须对自己的工作岗位进行"6S"处理，并归还所借的工具和实习工件。

六、评价表

工业机器人电气控制系统直流供电电路的安装与调试评价表如表2-3-5所示。

表2-3-5 工业机器人电气控制系统直流供电电路的安装与调试评价表

班级：_____		指导教师：_____					
小组：_____		日期：_____					
姓名：_____							
评价项目	评价标准	评价依据	评价方式			权重	得分小计
			学生自评（20%）	小组互评（30%）	教师评价（50%）		
职业素养	1. 遵守企业规章制度、劳动纪律 2. 按时按质完成工作任务 3. 积极主动承担工作任务，勤学好问 4. 人身安全与设备安全 5. 工作岗位"6S"完成情况	1. 出勤 2. 工作态度 3. 劳动纪律 4. 团队协作精神				0.3	
专业能力	1. 掌握电气原理图的识读方法和步骤 2. 根据电气原理图，进行工业机器人电气控制系统直流供电电路的安装 3. 进行工业机器人电气控制系统直流供电电路的检查与调试	1. 操作的准确性和规范性 2. 工作页或项目技术总结的完成情况 3. 专业技能任务的完成情况				0.5	
创新能力	1. 在任务完成过程中能提出具有一定见解的方案 2. 在教学或生产管理上提出建议，具有创新性	1. 方案的可行性和意义 2. 建议的可行性				0.2	
合计							

任务4 工业机器人指令信号和反馈信号电路的安装与调试

学习目标

◇ 知识目标：

1. 掌握总线的概念。

2. 掌握光电式编码器的结构、检测原理。

3. 掌握伺服驱动器反馈接口的结构。

◇ 能力目标：

1. 对 NCUC 总线进行正确的连接。

2. 连接光电式编码器反馈信号电路。

3. 利用 NCUC 总线完成 IPC 单元、PLC 单元和伺服驱动器的通信。

4. 利用光电式编码器检测伺服电机的转角、转速和转向，并将检测信息通过反馈接口送入伺服驱动器和 IPC 单元。

完成工业机器人电气控制系统 NCUC 总线的连接和伺服驱动器反馈信号的连接。

一、NCUC 总线

NCUC 总线是安装在制造区域的现场装置与控制室内自动装置之间的数字式串行多点通信的数据总线，它是通过分时复用的方式将信息从一个或多个源部件传送到一个或多个目的部件的传输线，是通信系统中传输数据的公共通道。

总线（Bus）是计算机各种功能部件之间传送信息的公共通信干线，是由导线组成的传输线束。按计算机传输的信息种类划分，计算机的总线可以分为数据总线、地址总线和控制总线，分别用来传输数据、数据地址和控制信号。总线是一种内部结构，是 CPU、内存、输入/输出设备传送信息的公共通道，主机的各部件通过总线连接，外部设备通过相应的接口电路与总线连接，从而形成计算机硬件系统。在计算机硬件系统中，各部件之间传送信息的公共通路叫总线，微型计算机是以总线结构连接各功能部件的。

2008 年 2 月，由华中数控、大连光洋、沈阳高精、广州数控、浙江中控组成的数控系统现场总线技术标准联盟（NC Union of China Field Bus）成立，设立了 NCUC-Bus 协议规范的标准工作组，并形成了协议草案，经标准审查会审查后，最终确立了 NCUC-Bus 现场总线协议规范，以及物理层、数据链路层、应用层规范和服务。

基于 NCUC-Bus 的总线式伺服和主轴驱动采用统一的编码器接口，支持 BISS、HIPERFACE、EnDat 2.1/2.2、多摩川等串行绝对值编码器通信传输协议。驱动板卡上带有光纤接口，可以通过光纤连接到总线上，实现基于 NCUC-Bus 现场总线协议规范的数据交互。驱动板采用 PHY+FPGA 的硬件结构，整个协议的处理都在 FPGA 中实现，并通过主从总线访问控制方式实现各站点的有序通信。NCUC-Bus 采用动态"飞读飞写"的方式实现数据的上传和下载，实现了通信的实时性；通过延时测量和计算时间戳的方法实现了通信的同步性；采用重发和双环路的数据冗余机制与 CRC 差错检测机制保障了通信的可靠性。

NCUC 总线的特点如下。

（1）与以太网兼容。

（2）支持环型和线性网络。

（3）通信速率最高可达 100Mbit/s。

（4）挂接设备最多可达 255 个。

（5）支持 5 类双绞线传输和光纤传输方式。

NCUC 总线连接端子如图 2-4-1 所示。

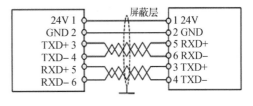

图 2-4-1　NCUC 总线连接端子

为保证 NCUC 总线网络传输接口的可靠性,对采用电信号互联的 NCUC 总线连接端子的要求如下。

（1）NCUC 总线连接端子由端子插头和端子插座两部分组成,两部分之间的金属触点是通过物理插接接触方式互连的。

（2）NCUC 总线连接端子的插座应有标识。

（3）NCUC 总线连接端子的插座和插头需要采用符合 IP54 防护等级要求的接插件。

（4）NCUC 总线物理连接端子的插头和插座之间必须具备额外的连接固定装置,并且连接固定装置必须在完全解锁后才允许两部分之间的金属触点分离。

（5）NCUC 总线连接端子的插头与插座触点之间必须采用接触面连接方式。

（6）NCUC 总线连接端子至少需要同时提供 RXD+、RXD-、TXD+、TXD-、GND 五路信号连接。

（7）NCUC 总线连接端子中的 RXD+、RXD-必须定义在相邻的引脚上。

（8）NCUC 总线连接端子中的 TXD+、TXD-必须定义在相邻的引脚上。

1．NCUC 总线接口的引脚定义

在华数工业机器人控制系统中,各智能器件间的通信工作采用 NCUC 总线方式,在每个运算单元上都有相应的 NCUC 总线接口。

（1）IPC 控制器上的总线接口。

IPC 控制器上的总线接口如图 2-4-2 所示。

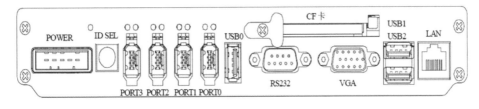

图 2-4-2　IPC 控制器上的总线接口

PORT0～PORT3：NCUC 总线接口。

LAN：用于连接示教器单元。

（2）PLC 单元的通信子模块上的 NCUC 总线接口。

PLC 通信模块上的 NCUC 总线接口如图 2-4-3 所示。其中，X2A 与 X2B 为 PLC 单元的通信子模块上的 NCUC 总线接口。

（3）伺服驱动器上的 NCUC 总线接口。

伺服驱动器上的 NCUC 总线接口如图 2-4-4 所示。

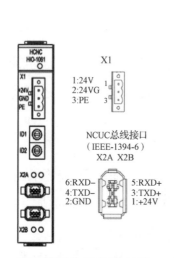

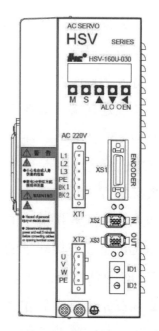

图 2-4-3　PLC 单元的通信子模块上的 NCUC 总线接口　　图 2-4-4　伺服驱动器上的 NCUC 总线接口

XS2/XS3 为伺服驱动器上的 NCUC 总线接口，其中，XS2 为 NCUC 总线进口，XS3 为 NCUC 总线出口。

2. NCUC 总线的连接方法

NCUC 总线采用环状拓扑结构、串行的连接方式。前面提到，将 IPC 单元作为 NCUC 总线的主站，将 PLC 单元和伺服驱动器作为 NCUC 总线的从站。NCUC 总线连接示意图如图 2-4-5 所示。NCUC 总线的连接过程是从主站的 PORT0 接口开始的，依次向下连接各从站，从站的 NCUC 总线接口分为进口和出口，按串联的方式依次连接，将最后一个器件的出口连接到主站的 PORT3 接口上，这样就完成了 NCUC 总线的连接。

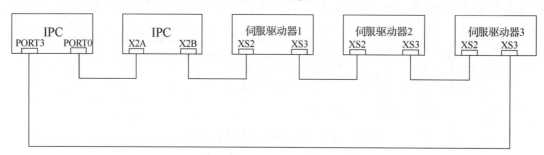

图 2-4-5　NCUC 总线连接示意图

二、伺服驱动器反馈接口

将伺服驱动器上的 XS1 接口作为电机编码器反馈信号输入接口，这一信号既可作为电机的转速与转向的反馈信号，又可作为电机轴的位置反馈信号。伺服驱动器反馈接口支持多种传输协议，包括 EnDat 2.1 协议绝对式编码器、BISS 协议绝对式编码器、多摩川绝对式编码器等。伺服驱动器反馈接口的引脚分布如图 2-4-6 所示。

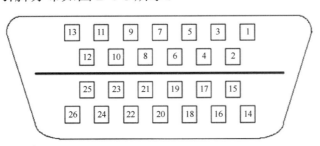

图 2-4-6 伺服驱动器反馈接口的引脚分布

伺服驱动器反馈接口的引脚定义如表 2-4-1～表 2-4-3 所示。

表 2-4-1 伺服驱动器连接复合式光电式编码器

引脚序号	引脚线号	I/O	信号输入	功能
1	A+/SINA+	I	编码器 A+输入	与伺服电机光电式编码器的 A+相连接
2	A-/SINA-	I	编码器 A-输入	与伺服电机光电式编码器的 A-相连接
3	B+/COSB+	I	编码器 B+输入	与伺服电机光电式编码器的 B+相连接
4	B-/COSB-	I	编码器 B-输入	与伺服电机光电式编码器的 B-相连接
5	Z+	I	编码器 Z+输入	与伺服电机光电式编码器的 Z+相连接
6	Z-	I	编码器 Z-输入	与伺服电机光电式编码器的 Z-相连接
7	U+/DATA+	I	编码器 U+输入	与伺服电机光电式编码器的 U+相连接
8	U-/DATA-	I	编码器 U-输入	与伺服电机光电式编码器的 U-相连接
9	V+/CLOCK+	I	编码器 V+输入	与伺服电机光电式编码器的 V+相连接
10	V-/CLOCK-	I	编码器 V-输入	与伺服电机光电式编码器的 V-相连接
11	W+	I	编码器 W+输入	与伺服电机光电式编码器的 W+相连接
12	W-	I	编码器 W-输入	与伺服电机光电式编码器的 W-相连接
13、26	保留			
16、17、18、19	+5V	O	输出+5V	1. 为所接光电式编码器提供+5V 电源 2. 当电缆长度较长时，应使用多根芯线并联
23、24、25	GNDD	O	信号地	1. 与伺服电机光电式编码器的 0V 信号相连接 2. 当电缆长度较长时，应使用多根芯线并联
20、22	保留	—	—	—
21	保留	—	—	—
14、15	PE	O	屏蔽信号	与伺服电机光电式编码器的 PE 信号相连接

表 2-4-2 伺服驱动器连接EnDat 2.1 协议绝对式光电式编码器

引脚序号	引脚线号	I/O	信号输入	功能
1	A+/SINA+	I	编码器 A+输入	与伺服电机 EnDat 2.1 协议绝对式光电式编码器的 SINA+相连接
2	A-/SINA-	I	编码器 A-输入	与伺服电机与 EnDat 2.1 协议绝对式光电式编码器的 SINA-相连接
3	B+/COSB+	I	编码器 B+输入	与伺服电机 EnDa t2.1 协议绝对式光电式编码器的 COSB+相连接

续表

引脚序号	引脚线号	I/O	信号输入	功能
4	B–/COSB–	I	编码器 B–输入	与伺服电机 EnDat 2.1 协议绝对式光电式编码器的 COSB–相连接
5、6	保留	—	—	—
7	U+/DATA+	I/O	编码器 DATA+	与伺服电机 EnDat 2.1 协议绝对式光电式编码器的 DATA+信号相连接
8	U–/DATA–	I/O	编码器 U–输入	与伺服电机 EnDat 2.1 协议绝对式光电式编码器的 DATA–信号相连接
9	V+/CLOCK+	O	编码器 V+输入	与伺服电机 EnDat 2.1 协议绝对式光电式编码器的 CLOCK+信号相连接
10	V–/CLOCK–	O	编码器 V–输入	与伺服电机 EnDat 2.1 协议绝对式光电式编码器的 CLOCK–信号相连接
11、12	保留	—	—	—
13、26	保留-	—	—	—
13、26	保留	—	—	—
16、17、18、19	+5V	O	输出+5V	1. 为所接 EnDat 2.1 协议绝对式光电式编码器提供+5V电源 2. 当电缆长度较长时，应使用多根芯线并联
23、24、25	GNDD	O	信号地	1. 与伺服电机 EnDat 2.1 协议绝对式光电式编码器的 0V 信号相连接 2. 当电缆长度较长时，应使用多根芯线并联
20、22	保留	—	—	—
21	保留	—	—	—
14、15	PE	O	屏蔽信号	与伺服电机 EnDat 2.1 协议绝对式光电式编码器的 PE 信号连接

表 2-4-3　伺服驱动单元连接多摩川绝对式编码器

引脚序号	引脚线号	I/O	信号输入	功能
1、2	保留	I	—	—
3、4	保留	I	—	—
5、6	保留	I	—	—
7	U+/DATA+	I	编码器 DATA+	与伺服电机多摩川绝对式编码器的 DATA+信号相连接
8	U–/DATA–	I	编码器 U–输入	与伺服电机多摩川绝对式编码器的 DATA–信号相连接
9、10、11、12	保留	—	—	—
13、26	保留	—	—	—
16、17、18、19	+5V	O	输出+5V	1. 为所接的多摩川绝对式编码器提供+5V 电源 2. 当电缆长度较长时，应使用多根芯线并联
23、24、25	GNDD	O	信号地	1. 与伺服电机多摩川绝对式编码器的 0V 信号相连接 2. 当电缆长度较长时，应使用多根芯线并联
20、21、22	保留	—	—	—
14、15	PE	O	屏蔽信号	与伺服电机多摩川绝对式编码器的 PE 信号相连接

三、工业机器人位置检测元件的要求和分类

位置检测元件是闭环（半闭环、闭环、混合闭环）进给伺服系统中的重要组成部分，通过

检测伺服电机转子的角位移和速度，将信号反馈给伺服驱动装置或 IPC 单元，并与预先给定的理想值进行比较，得到的差值用于实现位置闭环控制和速度闭环控制。位置检测元件通常利用光或磁的原理完成位置或速度的检测。

位置检测元件的精度一般用分辨率表示，它是检测元件被正确检测的最小计量单位。位置检测元件的精度由位置检测元件本身的品质和测量电路决定。在工业机器人位置检测接口电路中，常对反馈信号进行倍频处理，以进一步提高检测精度。

位置检测和速度检测可以采用各自独立的检测元件，如速度检测采用测速发电机，位置检测采用光电式编码器；也可以公用一个检测元件，如都用光电式编码器。

1．对位置检测元件的要求

（1）寿命长，可靠性高，抗干扰能力强。

（2）满足精度、速度和测量范围的要求。通常要求分辨率为 0.001～0.01mm 或更小，快速移动速度为每分钟数十米，旋转速度为 2500r/min 以上。

（3）使用维护方便，适合机床的工作环境。

（4）易于实现高速的动态测量和处理，易于实现自动化。

（5）成本低。

不同类型的工业机器人对位置检测元件的精度与速度的要求不同。一般来说，要求位置检测元件的分辨率比运动精度高一个数量级。

2．位置检测元件的测量分类

（1）直接测量和间接测量。

测量传感器按形状可分为直线型和回转型两种。若测量传感器测量的指标就是要求的指标，即直线型测量传感器测量直线位移，回转型测量传感器测量角位移，则该测量方式为直接测量，如光栅、编码器等。如果回转型测量传感器测量的角位移只是中间量，需要由它推算出与之对应的工作台直线位移，那么该测量方式为间接测量，其测量精度取决于测量装置和机床传动链两者的精度，如编码器、旋转变压器。

（2）增量式测量和绝对式测量。

测量方式按测量装置编码方式可分为增量式测量和绝对式测量两种。

增量式测量的特点是只测量位移增量，即工作台每移动一个基本长度单位，测量装置便发出一个测量信号，此信号通常是脉冲形式的，如光栅和增量式光电式编码器。

绝对式测量的特点是被测点的位置相对于一个固定的零点来说都有一个对应的测量值，常以数据形式表示，如接触式编码器和绝对式光电式编码器。

（3）接触式测量和非接触式测量。

接触式测量的测量传感器与被测对象间存在机械联系，因此机床本身的变形、振动等因素会对测量产生一定的影响。典型的接触式测量装置有光栅、接触式编码器。

非接触式测量的测量传感器与被测对象是分离的，不发生机械联系。典型的非接触式测量装置有双频激光干涉仪、光电式编码器。

（4）数字式测量和模拟式测量。

数字式测量以量化后的数字形式表示被测量。数字式测量的特点是测量装置简单、信号抗干扰能力强，且便于显示处理。典型的数字式测量装置有光电式编码器、接触式编码器、光栅等。

对于模拟式测量，被测量用连续的变量表示，如用电压、相位的变化表示。典型的模拟式测量装置有旋转变压器等。

四、光电式编码器的结构与作用

光电式编码器利用光电原理把机械角位移变换成电脉冲信号，是比较常用的位置检测元件。光电式编码器按输出信号与对应位置的关系，通常分为增量式光电式编码器、绝对式光电式编码器和混合式光电式编码器。

1．增量式光电式编码器

增量式光电式编码器如图 2-4-7 所示。增量式光电式编码器由连接轴 1、支撑轴承 2、光栅 3、光电码盘 4、光源 5、聚光镜 6、光阑板 7、光敏元件 8 和信号处理电路组成。

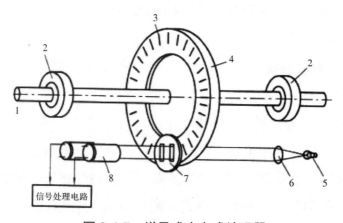

图 2-4-7　增量式光电式编码器

当光电码盘随工作轴一起转动时，光源通过聚光镜，透过光电码盘和光阑板形成忽明忽暗的光信号；光敏元件把光信号转换成电信号，通过信号处理电路进行整形、放大、分频、计数、译码后输出或显示。为了测量转向，光阑板的两个狭缝之间的距离应为 $m\pm(1/4)r$（r 为光电码盘两个狭缝之间的距离，即节距，m 为任意整数）。这样，两个光敏元件的输出信号（分别称为 A 信号和 B 信号）相对于脉冲周期相差 $\pi/2$ 个相位，然后将输出信号送入鉴相电路即可判断光电码盘的旋转方向。

由于增量式光电式编码器每转过一个分辨角就发出一个脉冲信号，因此根据脉冲数可得到工作轴的回转角度，由传动比换算出直线位移距离；根据脉冲频率可得到工作轴的转速；根据光阑板上两个狭缝中信号的相位先后，可判断工作轴的正/反转。

此外，在增量式光电式编码器的内圈还增加了一条透光条纹，每一转产生一个零位脉冲信号。在进给电机所用的增量式光电式编码器上，零位脉冲用于精确确定参考点。

增量式光电式编码器输出信号的种类有差动输出信号、电平输出信号、集电极（OC 门）输出信号等。差动输出信号在传输过程中因抗干扰能力强而得到了广泛应用。

IPC 装置的接口电路通常会对接收的增量式光电式编码器差动输出信号进行 4 倍频处理，从而提高检测精度，具体方法是从 A 信号和 B 信号的上升沿与下降沿各取一个脉冲，每转检测的脉冲数为原来的 4 倍。

进给电机常用的增量式光电式编码器的分辨率有 2000p/r、2024p/r、2500p/r 等。目前，增量式光电式编码器每转可发出数万至数百万个方波信号，因此可满足高精度位置检测的需要。

增量式光电式编码器的安装有两种形式：一种是安装在伺服电机的非输出轴端，称为内装式编码器，用于半闭环控制；一种是安装在传动链末端，称为外置式编码器，用于闭环控制。在安装增量式光电式编码器时，要保证连接部位牢固、不松动；否则会影响位置检测精度，引起进给运动不稳定，使自动化设备产生振动。

2．绝对式光电式编码器

绝对式光电式编码器的光盘上有透光和不透光的编码图案，编码方式可以有二进制编码、二进制循环编码、二至十进制编码等。绝对式光电式编码器通过读取编码盘上的编码图案来确定位置。

绝对式光电式编码器的编码盘原理和结构如图 2-4-8 所示。在图 2-4-8 中，编码盘上有 4 圈码道。所谓码道，就是指编码盘上的同心圆。按照二进制分布规律，把每圈码道加工成透明和不透明相间的形式。编码盘的一侧安装光源，另一侧安装一排径向排列的光电管，每个光电管对准一条码道。当光源照射编码盘时，如果是透明区，那么光线被光电管接收，并转变为电信号，输出信号为"1"；如果是不透明区，那么光电管接收不到光线，输出信号为"0"。当被测工作轴带动编码盘旋转时，光电管输出的信息代表轴的对应位置，即绝对位置。

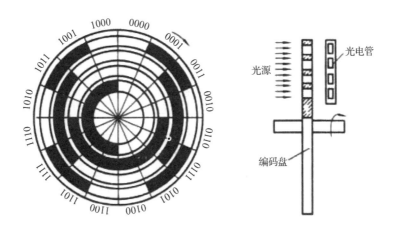

图 2-4-8　绝对式光电式编码器的编码盘原理和结构

绝对式光电式编码器大多采用格雷码编码盘。格雷码编码盘的特点是每个相邻数码之间仅改变一位二进制数,因此即使制作和安装不十分准确,产生的误差最多也只是最低位的一位数。

绝对式光电式编码器转过的圈数由 RAM 保存,断电后由后备电池供电,以保证机床的位置即使在断电或断电后又移动,也能被正确地记录下来。因此,对于采用绝对式光电式编码器进给电机的自动化设备,只要出厂时建立过机床坐标系,即便以后不再做回参考点的操作,也可保证机床坐标系一直有效。绝对式光电式编码器与进给驱动装置或 IPC 通常采用通信的方式来反馈位置信息。

绝对式光电式编码器接线的注意事项如下。

(1)编码器连接线线径:采用屏蔽电缆(最好选用绞合屏蔽电缆),导线截面大于或等于 0.12mm^2(AWG24-26),屏蔽层需要连接接线插头的金属外壳。

(2)编码器连接线线长:电缆长度尽可能短,且其屏蔽层应和编码器供电电源的 GND 信号相连(避免编码器反馈信号受到干扰)。

(3)布线:远离动力线路布线,防止干扰串入。

(4)驱动单元在连接不同的编码器时,与之匹配的编码器电缆是不同的,请确认无误后进行连接,否则会有烧坏编码器的危险。

五、反馈线航空插头引脚的分布与焊接

反馈线航空插头引脚的分布如图 2-4-9 所示,其定义如表 2-4-4 所示。

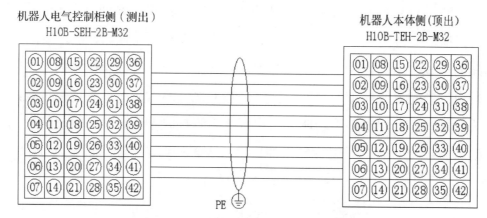

图 2-4-9　反馈线航空插头引脚的分布

表 2-4-4　反馈线航空插头引脚的定义

序号	线号	序号	线号	序号	线号	序号	线号	序号	线号	序号	线号
01	1#SD+粉	05	5#SD+粉	10	3#SD+红	15	1#5V 棕	19	5#5V 棕	24	3#GND 黑
02	2#SD+粉	06	6#SD+粉	11	4#SD+红	16	2#5V 棕	20	6#5V 棕	25	4#GND 黑
03	3#SD+粉	08	1#SD+红	12	5#SD+红	17	3#5V 棕	22	1#GND 黑	26	5#GND 黑
04	4#SD+粉	09	2#SD+红	13	6#SD+红	18	4#5V 棕	23	2#GND 黑	27	6#GND 黑

六、示教器与 IPC 电路连接

示教器的信息传输采用 RJ45 接口,并通过 RJ45 接口连接 IPC 的 LAN 接口。

1. RJ45 接口简介

RJ45（Registered Jack 45）接口由 8 芯做成，通常用于计算机网络数据的传输，接头的线有直通线（12345678 对应 12345678）、交叉线（12345678 对应 36145278）两种。RJ45 接头根据线的排序不同可分为两种，一种是橙白、橙、绿白、蓝、蓝白、绿、棕白、棕，另一种是绿白、绿、橙白、蓝、蓝白、橙、棕白、棕。

RJ45 插座和 8P8C 水晶头如图 2-4-10 所示，其引脚分别被标识为 1～8。RJ45 插座引脚的定义如表 2-4-5 所示。

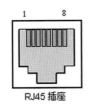

图 2-4-10　RJ45 插座和 8P8C 水晶头

表 2-4-5　RJ45 插座引脚的定义

引脚号	名称	作用
1	NC	预留
2	NC	预留
3	AC-	系统电源 AC-输入端
4	AC-	系统电源 AC-输入端
5	AC+	系统电源 AC+输入端
6	AC+	系统电源 AC+输入端
7	L	通信口 L
8	H	通信口 H

RJ45 插座采用 AC 12V 电源输入和双线供电模式，3 号、4 号线为电源 AC-；5 号、6 号线为电源 AC+；7 号、8 号线为通信信号线，需要按要求接线。

2. 水晶头的制作方法

参照图 2-4-11，在所有线路连接完成并确认线路无误后，可以给需要制作水晶头的通信总线制作 8P8C 水晶头（配 RJ45 插座）。接入总线水晶头的每条线的含义如下。

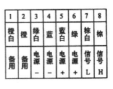

1（橙白）：备用。

2（橙）：备用。

3（绿白）：代表电源负极或电源 AC-。

4（蓝）：代表电源负极或电源 AC-。

5（蓝白）：代表电源正极或电源 AC+。

6（绿）：代表电源正极或电源 AC+。

图 2-4-11　水晶头接线示意图

7（棕白）：代表信号 L。

8（棕）：代表信号 H。

当所有的总线水晶头制作完成后，无论是使用总线分接器还是自己手工分接，都必须保证所有总线水晶头的 3 号、4 号线和系统电源的 OUT（−）端子或 AC−端子接通；5 号、6 号线和系统电源的 OUT（+）端子或 AC+端子接通；7 号线和系统电源的 L 端子接通；8 号线和系统电源的 H 端子接通。

3．网线通断检测

网线的常规接法（两头 T568B）：橙白 1、橙 2、绿白 3、蓝 4、蓝白 5、绿 6、棕白 7、棕 8（橙绿蓝棕，白线在左，绿蓝换）。

网线的交叉接法（一头 T568A）：绿白 3、绿 6、橙白 1、蓝 4、蓝白 5、橙 2、棕白 7、棕 8（绿橙绿蓝棕，白线在左，橙蓝换）。

在制作成水晶头后，使用网线测线仪对制作的网线通断进行检测。

（1）使用方法。

先将网线两端的水晶头分别插入主测试仪和远程测试端的 RJ45 端口，再将开关拨到"ON"处（S 为慢速挡），这时主测试仪和远程测试端的指示灯逐个闪亮。

① 直通线连线的测试：在测试直通线连线时，主测试仪的指示灯应从 1 号到 8 号逐个闪亮，远程测试端的指示灯也应从 1 号到 8 号逐个闪亮。如果是这种现象，那么说明直通线的连通性没问题；否则就得重做。

② 交叉线连线的测试：在测试交叉线连线时，主测试仪的指示灯也应从 1 号到 8 号逐个闪亮，而远程测试端的指示灯应按 3 号、6 号、1 号、4 号、5 号、2 号、7 号、8 号的顺序逐个闪亮。如果是这种现象，那么说明交叉线的连通性没问题；否则就得重做。

③ 当网线两端的线序不正确时，主测试仪的指示灯仍然从 1 号到 8 号逐个闪亮，只是远程测试端的指示灯将按与主测试仪连通的线号顺序逐个闪亮。也就是说，远程测试端不能按 1 号和 2 号的顺序闪亮。

（2）导线断路测试的现象。

① 当有 1～6 根导线断路时，主测试仪和远程测试端的对应线号的指示灯都不亮，其他指示灯仍然可以逐个闪亮。

② 当有 7 根或 8 根导线断路时，主测试仪和远程测试端的指示灯都不亮。

（3）导线短路测试的现象。

① 当有两根导线短路时，主测试仪的指示灯仍然从 1 号到 8 号逐个闪亮，而远程测试端两根短路线对应的指示灯将被同时点亮，其他指示灯仍按正常的顺序逐个闪亮。

② 当有 3 根及以上的导线短路时，主测试仪的指示灯仍从 1 号到 8 号逐个闪亮，而远程测试端的所有短路线对应的指示灯都不亮。

任务准备

一、外围设备、工具的准备

为完成工作任务，每个小组需要向工作站内的仓库工作人员提供借用工具、设备清单，如表 2-4-6 所示。

表 2-4-6　借用工具、设备清单

容量	名称	数量	借出时间	学生签名	归还时间	学生签名	管理员签名
1							
2							
3							
4							
5							
6							
7							

二、团队分配方案

还等什么？赶快制订工作计划并实施。

任务实施

一、为了更好地完成任务，你可能需要回答以下问题

1．简述 NCUC 总线的概念。

2．简述光电式编码器的结构与检测原理。

二、工作任务实施

连接工业机器人电气控制系统的 IPC 单元、PLC 单元和伺服驱动器。

1．识读电气原理图

电气原理图如图 2-4-12 所示。

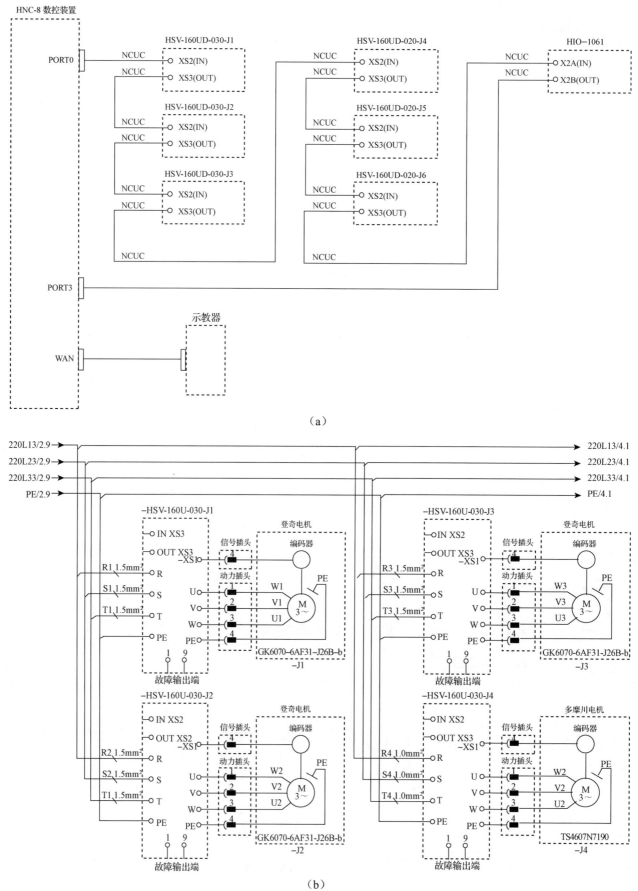

图 2-4-12　电气原理图

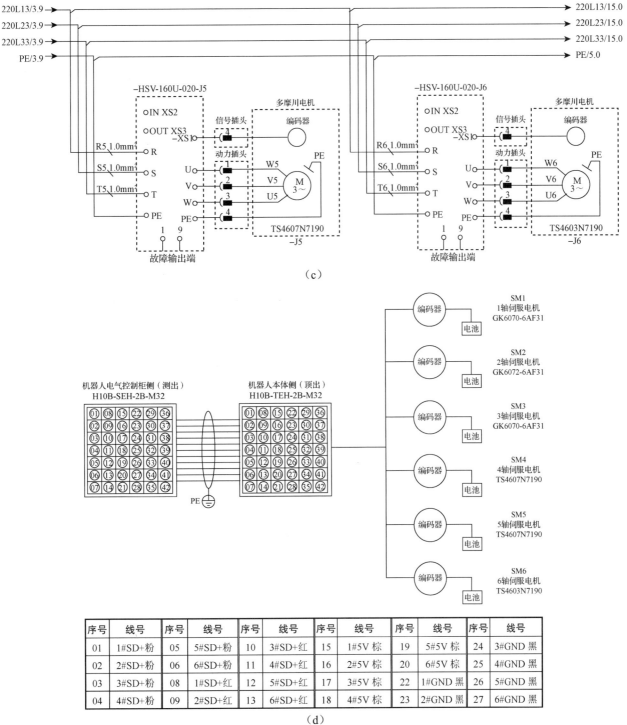

图 2-4-12 电气原理图（续）

（1）工作任务分析。

本次工作任务的主要目的是利用专用线缆，对 IPC 单元、PLC 单元和伺服驱动器进行连接，并通过 NCUC 总线完成运算单元之间的通信工作；利用光电式脉冲编码器检测伺服电机的转速、转向与转角，并通过导线反馈到伺服驱动器的接口；利用网线和 RJ45 接口完成示教器与 IPC 单元的连接。

① 按照 NCUC 总线的连接规则，将 IPC 单元、PLC 单元和伺服驱动器连接起来，以保证

它们之间的正常通信。

② 通过 RJ45 接口把示教器连接到 IPC 单元上。

③ 利用光电式脉冲编码器检测伺服电机的转角、转速与转向，并先把相应的反馈信号通过反馈线航空插头传送给电气系统控制柜，再传送给相应的伺服驱动器。

（2）电气原理图分析。

NCUC 总线连接如图 2-4-12（a），IPC 单元是 NCUC 总线的主站，6 个伺服驱动器和 PLC 单元是 NCUC 总线的从站，它们共同构成了工业机器人控制系统的总线。总线的连接是从主站的 PORT0 接口开始的，依次连接轴 1 到轴 6 的伺服驱动器，再连接 PLC 单元，最终总线返回主站的 PORT3 接口。图 2-4-12（a）还描述了示教器与 IPC 单元的连接，即通过 RJ45 接口把示教器的信号线连接到 IPC 单元的 WAN 接口上。

图 2-4-12（b）、（c）描述了光电式脉冲编码器反馈线缆的连接情况，6 个轴的反馈线缆先通过航空插头连接到 HSR-JR608 六轴关节机器人电气系统控制柜内，再分别连接到各伺服驱动器的反馈接口 XS1 上。

图 2-4-12（d）描述的是反馈线缆通过航空插头的引脚分布情况。

2．布线工艺要求

（1）NCUC 总线式编码器反馈线的布线应尽量避免与动力线同槽布置。

（2）接口连接要接紧、接牢，不可有虚接。

（3）布线时严禁损伤线芯和导线绝缘层。

3．根据电气原理图和电气安装接线图进行电路的连接工作

（1）从 IPC 单元的 PORT0 接口开始，依次连接 6 个伺服驱动器和一个 PLC 单元，最终返回 IPC 单元的 PORT3 接口，这样就完成了 NCUC 总线的连接。

（2）通过航空插头将工业机器人底座的编码器与电气系统控制柜上的反馈航空插座连接，使编码器反馈信号连接到电气系统控制柜上。

（3）将编码器反馈信号依次连接到 6 个轴的伺服驱动器 XS1 接口上，完成反馈信号的连接。

（4）将示教器通过 RJ45 接口连接到 IPC 单元的 WAN 接口上。

4．检查所接电路

根据表 2-4-7 中的内容依次检查电路，并做好测量记录。

表 2-4-7　线路连接检查记录

序号	检查项目	检查结果
1	检查 NCUC 总线连接是否正确，NCUC 总线进口与出口是否连接正确	
2	检查 NCUC 总线连接是否牢固	
3	检查航空插头连接是否牢固，锁扣是否锁紧	
4	检查伺服驱动器反馈线缆连接是否牢固	
5	检查示教器与 IPC 单元的连接是否牢固	

在连接 IPC 单元、PLC 单元和伺服驱动器的过程中遇到了哪些问题？是如何解决的？请记录在表 2-4-8 中。

表 2-4-8　连接IPC单元、PLC单元和伺服驱动器的情况记录

遇到的问题	解决方法

完成后，请仔细检查，客观评价，及时反馈。

一、成果展示

各小组派代表上台总结在完成任务的过程中学会了哪些技能，发现错误后如何改正，并在教师的监护下进行示范操作。

二、学生自我评估与总结

_____

_____。

三、小组评估与总结

_____

_____。

四、教师评估与总结

_____

_____。

五、各小组对工作岗位的"6S"处理

各小组成员都完成工作任务总结后，必须对自己的工作岗位进行"6S"处理，并归还所借的工具和实习工件。

六、评价表

工业机器人指令信号和反馈信号电路的安装与调试评价表如表 2-4-9 所示。

表2-4-9 工业机器人指令信号和反馈信号电路的安装与调试评价表

班级：_____ 小组：_____ 姓名：_____			指导教师：_____ 日期：_____				
评价项目	评价标准	评价依据	评价方式			权重	得分小计
			学生自评（20%）	小组互评（30%）	教师评价（50%）		
职业素养	1. 遵守企业规章制度、劳动纪律 2. 按时按质完成工作任务 3. 积极主动承担工作任务，勤学好问 4. 人身安全与设备安全 5. 工作岗位"6S"完成情况	1. 出勤 2. 工作态度 3. 劳动纪律 4. 团队协作精神				0.3	
专业能力	1. 掌握电气原理图的识读方法和步骤 2. 根据电气原理图进行工业机器人指令信号与反馈信号电路的安装 3. 进行工业机器人指令信号与反馈信号电路的检查与调试	1. 操作的准确性和规范性 2. 工作页或项目技术总结的完成情况 3. 专业技能任务的完成情况				0.5	
创新能力	1. 在任务完成过程中能提出具有一定见解的方案 2. 在教学或生产管理上提出建议，具有创新性	1. 方案的可行性和意义 2. 建议的可行性				0.2	
合计							

任务5　工业机器人电气控制系统的调试

 学习目标

◇ 知识目标：

1. 掌握工业机器人电气控制系统上电前的安全检查项目及其检查方法。

2. 掌握IPC单元主要参数的含义与设置方法。

3. 掌握伺服驱动器主要参数的含义与设置方法。

◇ 能力目标：

1. 正确进行工业机器人电气控制系统上电前的检查。

2. 正确设置IPC单元的参数。

3. 正确设置伺服驱动器的参数。

4. 进行试运行检测。

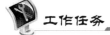

工业机器人电气控制系统连接完毕后，必须进行上电前的检查，检查无误后才能给工业机器人通电。工业机器人通电后必须对相关参数进行设置，以保证工业机器人的正常运行。通过学习，完成对工业机器人电气控制系统的调试。

 相关知识

一、工业机器人电气控制系统上电前的检查

工业机器人电气控制系统连接完毕后，在第一次上电前，为保证人身与设备的安全，必须进行必要的安全检查。

1．外观检查

（1）打开工业机器人电气系统控制柜，检查继电器、接触器、伺服驱动器等电器元件的安装有无松动，如果有，则应立即恢复正常状态，有锁紧机构的接插件一定要锁紧。

（2）检查电器元件接线有无松动与虚接，有锁紧机构的一定要锁紧。

2．电气情况检查

（1）电气连接情况的检查。

电气连接情况的检查通常分为3类，即短路检查、断路检查（回路通断）和对地绝缘检查。电气连接情况的检查方法：用万用表一根一根地进行检查，虽然花费的时间最长，但是这样检查是最完整的。

（2）电源极性与接线相序的检查。

对于直流用电器件，需要检查供电电源的极性是否正确，否则可能损坏设备；对于伺服驱动器，需要检查动力线输入与动力线输出连接是否正确，如果把电源动力线接到伺服驱动器动力输出接口上，那么将严重损坏伺服驱动器；对于伺服电机，要检查接线的相序是否正确，若连接错误，则伺服电机不能运行。

（3）电源电压的检查。

电源的正常运行是设备正常工作的重要前提，因此，在设备第一次上电前，一定要对电源电压进行检查，防止电压等级超过用电设备的耐压等级。电源电压的检查方法是先把各级低压断路器都断开，然后根据电气原理图，按照先总开关再支路开关的顺序依次闭合开关，一边上电一边检查，检查输入电压与设计电压是否一致。这里主要检查变压器的输入/输出电压与开关电源的输入/输出电压是否一致。

（4）I/O检查。

I/O检查包括PLC的输入/输出检查、继电器和电磁阀回路检查、传感器检查、按钮和行程开关回路检查。

（5）设备保护接地线的检查。

设备要有良好的保护接地线，以保证设备、人身安全和减少电气干扰，伺服单元、伺服变压器和强电柜之间都要连接保护接地线。

二、通电后的参数设置

要想电气控制系统正常运行，正确设置相关参数是必不可少的。在 HSR-JR608 六轴关节机器人电气控制系统中，需要设置 IPC 参数和伺服参数。

1. IPC 参数

IPC 参数是用来设置工业机器人的基本工作模式与工作状态的。IPC 参数主要包括系统参数、组参数和轴参数。通过设置 IPC 参数可实现对工业机器人的控制。HSR-JR608 六轴关节机器人电气控制系统支持 5 个控制组、最多 32 个物理轴。组参数与轴参数相互关联，每个组最多可以配置 9 个逻辑轴。用户可根据需要设置物理轴与逻辑轴之间的映射关系。

每个物理轴只能对应一个组的一个逻辑轴，不能进行多重映射。对于配置好的物理轴，可以在轴参数列表中查看其所属控制组的情况。

HSR-JR608 六轴关节机器人的参数设置界面如图 2-5-1 所示。

图 2-5-1　HSR-JR608 六轴关节机器人的参数设置界面

在第一次进入参数设置界面时，单击参数列表中的任意一行，弹出密码输入提示框，如图 2-5-2 所示，密码输入正确才可进入参数设置子列表（初始密码为 003520）。

（1）系统参数。

HSR-JR608 六轴关节机器人电气控制系统支持的系统参数共 4 个：插补周期、硬件通信方式（中断或扫描）、报警履历最大记录数及 WAIT 指令 TIMEOUT 时间。

选择"系统参数"选项可进入系统参数设备界面，如图 2-5-3 所示，参数含义与参数值设定范围如表 2-5-1 所示。

图 2-5-2　密码输入提示框

图 2-5-3　系统参数设置界面①

表 2-5-1　参数含义与参数值设定范围

参数号	参数名称	参数值数据类型	取值范围	取值含义	默认值	修改权限
20000	插补周期	ubit8	[100,10000]	插补周期，单位为 μs	1000	用户
20005	硬件通信方式	ubit8	[0,1]	0—中断；1—扫描	0	用户
20100	报警履历最大记录数	ubit16	[10,500]	最大记录数	200	用户
20200	WAIT 指令 TIMEOUT 时间	ubit64	[0,300]	最大等待时间，单位为 s	120	用户

（2）组参数。

在 IPC 中共有 5 个组，它们均可设置各自独立的参数。组 1 参数编号从 30000 开始，组 2 参数编号从 32000 开始，组 3 参数编号从 34000 开始，组 4 参数编号从 36000 开始，组 5 参数编号从 38000 开始。组 2 至组 5 的具体参数编号与组 1 类似。

组参数主要用于设定各个轴电机的物理轴号，并设定轴运行的最大速度、最大加速度等运动控制信息。选择"组参数"选项进入组参数设置界面，如图 2-5-4 所示。

每个组都拥有各自的组参数集，可分别对其进行设置。单击待设置的组号，如"组 1"，进入组 1 的设置界面，此时可以对指定组号的参数集进行设置，如图 2-5-5 所示。这里要特别强调的是，在对轴号进行设置时，由于每个物理轴只能对应单个组的一个逻辑轴，而不能进行多重映射，所以如果有某个组已使用了某个轴号，那么其他组就不能使用这个轴号了。

图 2-5-4　组参数设置界面（一）

图 2-5-5　组参数设置界面（二）

（3）轴参数。

轴参数设定的是每个电机的运动特性，包括该轴的类型、是否带反馈、电子齿轮比等。每一组中最多可配 32 个轴，每个轴预留 300 个参数。第 1 个轴的参数编号从 60000 开始，第 2 个轴的参数编号从 60300 开始，第 3 个轴的参数编号从 60600 开始，依次类推。

① 软件图中的"通讯"的正确写法为"通信"。

选择"轴参数"选项进入轴参数设置界面，如图 2-5-6 所示。

单击需要设定的轴号，就能进入选定轴的参数设置界面，如图 2-5-7 所示。在设置或修改参数时，只要选择相应的参数行，并在弹出的输入框内输入内容后单击"确认"按钮，即可完成参数的设置与修改。

图 2-5-6　轴参数设置界面（一）

图 2-5-7　轴参数设置界面（二）

部分轴参数的含义与设定范围如表 2-5-2 所示。

表 2-5-2　部分轴参数的含义与设定范围

参数号	参数名称	参数值数据类型	取值范围	取值含义	默认值	修改权限
60000	轴名	字符串	—	轴名称	Jn	系统
60001	轴类型	ubit8	[0,1,2]	关节轴，旋转轴，直线轴	0	系统
60010	是否带反馈	ubit8	[0,1]	是，否	0	系统
60020	螺距	fbit64	[1,30]	螺距，单位为 mm 或°	10	系统
60030	指令类型	ubit8	[0,1]	增量，绝对	1	系统
60031	电子齿轮比分子	ubit16	[1,32767]	电子齿轮比分子	1	系统
60032	电子齿轮比分母	ubit16	[1,32767]	电子齿轮比分母	1	系统
60040	电机方向取反	ubit8	[0,1]	是，否	1	系统
60041	编码器脉冲数	ubit32	[1000,90000000]	编码器脉冲数	1000	系统
60042	编码器类型	ubit8	[0,10]	0—增量式；1—NCUC 绝对式；2—安川 SIGMA 绝对式；3—三菱 MR 绝对式；4—富士绝对式；5—迈信 EP3 绝对式；6—台达 A2 绝对式；7—山洋 RSI 绝对式	0	系统
60043	反馈齿轮比分子	ubit16	[-32767,32767]	反馈齿轮比分子	1	系统
60044	反馈齿轮比分母	ubit16	[-32767,32767]	反馈齿轮比分母	1	系统
60045	反馈位置偏移	fbit64	[-9999999, 9999999]	反馈位置偏移	0	系统
60050	跟踪误差允许值	fbit64	[0.001,1000]	跟踪误差允许值，单位为 mm	5.000	系统
60060	正向软限位	fbit64	[-99999,99999]	正向软限位，单位为°	99999.00	系统
60061	负向软限位	fbit64	[-99999,99999]	负向软限位，单位为°	-99999	系统
60070	反向间隙	fbit64	[0,1000]	未使用	0	系统
60080	最高速度	fbit64	[0,500]	手动最高速度，单位为°/s	150	系统
60081	电机最大转速	ubit32	[0,5000]	单位为 r/min	2000	系统
60090	回零方向	ubit8	[0,1]	0—正方向；1—负方向	0	系统
60091	回零定位速度	fbit64	[1,500]	单位为 mm/s	50	系统
60092	回零找 Z 脉冲速度	fbit64	[0,1,20]	单位为 mm/s	1	系统

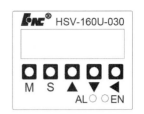

2．伺服参数

（1）伺服驱动器的用户操作面板。

HSR-RJ608 六轴关节机器人电气系统控制柜内安装的是 HSV-160U 伺服驱动器，该驱动器的用户操作面板（以下简称面板）示意图如图 2-5-8 所示。

图 2-5-8　HSV-160U 伺服驱动器的用户操作面板示意图

面板由 6 个 LED 数码管显示器和 5 个按键（M、S、上、下、左）组成，用来显示系统的各种状态、设置参数等，如表 2-5-3 所示。

表 2-5-3　面板上 5 个按键的功能

序号	名称	功能
1	M 键	用于一级菜单（主菜单）方式之间的切换
2	S 键	进入或确认退出当前操作子菜单
3	上键	参数序号、设定数值的增加，或者选项向前
4	下键	参数序号、设定数值的减少，或者选项退后
5	左键	移位

（2）菜单说明。

在进行参数设置与调整的过程中，需要通过选择面板上的按键进入不同的菜单。在 HSV-160U 伺服驱动器中，第 1 层为主菜单，包括 6 种操作模式；第 2 层为各操作模式下的功能菜单。HSV-160U 伺服驱动器主菜单如图 2-5-9 所示。

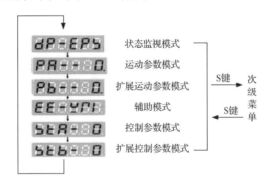

图 2-5-9　HSV-160U 伺服驱动器主菜单

通过 M 键可实现主菜单中各操作模式的切换，通过上键、下键可进入功能菜单。

（3）参数的修改、保存与设置。

将参数修改后，只有在辅助模式参数"EE-WRI"下按 S 键才能保存修改的参数并在下次上电时有效。部分参数设置后立即生效，错误的参数设置可能使设备错误运转，导致事故，因此应谨慎修改参数。

① 参数的修改。

在主菜单中选择 PR-□□0.，用上键、下键选择参数序号，按 S 键，显示该参数的数值，用上键、下键修改参数值。按一次上键、下键，参数值增大或减小 1，按下并保持上键、下键，参数值能连续增大或减小。按左键，被修改的参数值的修改位左移一位（左循环）。参数值被修改时，最右边的 LED 数码管小数点点亮，按 S 键返回参数选择菜单。

② 参数的保存。

如果修改或设置的参数需要保存，那么先在 PA..34 处输入密码"1230"，然后按 M 键切换到 EE.YnE 模式。按 S 键将修改或设置的参数值保存到伺服驱动单元的 EEPROM 中，完成保存后，数码管显示 FEnLSH；若保存失败，则显示 EPPonE。通过 M 键可切换到其他模式或通过上键、下键切换运动参数。

在修改 PA24 参数～PA28 参数、PA43 参数、PB 参数、STB 参数时，必须先将 PA34 参数设置为 2003。

③ 参数的设置。

HSV-160U 伺服驱动器有各种参数，通过这些参数可以调整或设定驱动单元的性能和功能。下面介绍各参数的用途和功能，了解这些参数对使用和操作驱动单元是至关重要的。HSV-160U 伺服驱动器参数分为 4 类：运动控制参数、扩展运动控制参数、控制参数、扩展控制参数。它们分别对应运动参数模式、扩展运动参数模式、控制参数模式、扩展控制参数模式，可通过驱动单元面板进行查看、设定和调整。

HSV-160U 伺服驱动器参数分组说明如表 2-5-4 所示。

表 2-5-4　HSV-160U伺服驱动器参数分组说明

类别	显示	参数号	说明
运动参数模式	PA..88	0～43	设置各种特性调节、控制运行方式和电机相关参数
扩展运动参数模式	Pb..88	0～43	设置第二增益、I/O 接口功能、陷波器、电机额定电流和额定转速等
控制参数模式	StA..88	0～15	可以选择报警屏蔽功能、内部控制功能选择方式等
扩展控制参数模式	Stb..88	0～15	可以选择各种控制功能的使能或禁止等

A. 驱动单元上电后只能查看 PA 参数、显示参数、辅助参数和 STA 参数。

B. 只有将 PA34 参数设置为 2003 后才能查看或修改 PB 参数和 STB 参数。

C. 任何时候，PA23 参数～PA26 参数都只能在保存并断电重启后才能起效。

D. 在驱动单元带电机运行之前，必须按顺序修改 PA34 参数为 2003，修改 PA43 参数为相应的代码，修改 PA25 参数为相应的电机编码器类型，修改 PA34 参数为 1230，执行保存操作，断电重启。

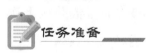

一、外围设备、工具的准备

为完成工作任务，每个小组需要向工作站内的仓库工作人员提供借用工具、设备清单，如表 2-5-5 所示。

表 2-5-5 借用工具、设备清单

容量	名称	数量	借出时间	学生签名	归还时间	学生签名	管理员签名
1							
2							
3							
4							
5							
6							
7							

二、团队分配方案

还等什么？赶快制订工作计划并实施。

任务实施

一、为了更好地完成任务，你可能需要回答以下问题

1. 简述工业机器人电气控制系统上电前应进行的安全检查工作。

2. 简述工业机器人电气控制系统上电后需要设置的参数。

二、工作任务实施

调试工业机器人电气控制系统。

1. 电气控制柜上电

（1）根据表 2-5-6 中的内容，依次对电气控制柜进行检查，并记录检查结果。

表 2-5-6 检查结果记录

序号	检查项目	情况记录
1	检查电气控制柜内的电器安装是否牢靠	
2	检查电气元件的接线是否牢靠	
3	检查 IPC 电源接口电源极性是否正确	
4	检查 PLC 电源接口电源极性是否正确	
5	检查示教器电源接口电源极性是否正确	
6	检查伺服驱动器的动力线进线与动力线出线连接是否正确	
7	检查伺服驱动器与伺服电机的连接相序是否正确	
8	检查开关电源是否短路	

【操作提示】

上电前必须由任课教师确认，只有在没有安全隐患后才能上电。

（2）根据表 2-5-7 中的顺序进行上电测试，并记录结果。

表 2-5-7　测试结果记录

步骤	测试项目	测试结果
1	测量低压断路器电源输入端子三相交流电的电压是否与设计要求一致	
2	闭合低压断路器 QF1、测量变压器 T1 的二次侧输出电压是否与设计要求一致	
3	测量开关电源输出的直流电压是否与设计要求一致	
4	闭合转换开关 SA、检查控制系统（IPC、PLC、示教器）是否正常上电	
5	检查电气控制柜内的照明灯是否打开	
6	检查伺服驱动器是否正常上电	
7	闭合低压断路器 QF2、检查电气控制柜风扇是否正常运行	
8	检查维修插座是否有电	

在进行电气控制柜上电操作的过程中遇到了哪些问题？是如何解决的？请记录在表 2-5-8 中。

表 2-5-8　电气控制柜上电操作情况记录

遇到的问题	解决方法

2．IPC 参数的设置与调整

首先选择"参数设置"选项，进入如图 2-5-1 所示的界面；然后单击系统参数列表中的任意一行，弹出密码输入提示框，输入"003520"；最后单击"确认"按钮，如图 2-5-2 所示。

（1）对组 1 参数进行设置。

按照表 2-5-9 中的内容设置组 1 参数。

表 2-5-9　组 1 参数设置

参数号	参数名	单位或含义	设定值
30010	J1 轴号	定义物理轴号	1
30011	J2 轴号	定义物理轴号	2
30012	J3 轴号	定义物理轴号	3
30013	J4 轴号	定义物理轴号	4
30014	J5 轴号	定义物理轴号	5
30015	J6 轴号	定义物理轴号	6
30040	手动下关节轴运动最大速度	mm/s	30
30041	手动下关节轴运动加速度	mm/s²	250
30042	手动下关节轴运动加加速度	mm/s³	0
30050	手动下平动最大速度	mm/s	200

参数号	参数名	单位或含义	设定值
30051	手动下平动最大加速度	mm/s²	250
30052	手动下平动最大加加速度	mm/s³	0
30060	手动下转动最大速度	°/s	30
30070	自动下关节定位速度	mm/s	100
30071	自动下关节定位加速度	mm/s²	500
30072	自动下关节定位加加速度	mm/s³	2000
30080	自动下平动最大速度	mm/s	2000
30081	自动下平动加速度	mm/s²	10000
30082	自动下平动加加速度	mm/s³	8000
30090	自动下转动最大速度	°/s²	50
30091	自动下转动加速度	°/s²	250
30092	自动下转动加加速度	°/s³	0
30100	倍率	—	100%
30102	运行模式	—	单调
30400	工业机器人类型	—	6

在进行组 1 参数设置的过程中遇到了哪些问题？是如何解决的？请记录在表 2-5-10 中。

表 2-5-10　组 1 参数设置操作情况记录

遇到的问题	解决方法

（2）对轴参数进行设置。

按照表 2-5-11 中的内容对轴参数进行设置。

表 2-5-11　轴参数设置

参数号	参数名	设定值					
		轴 1	轴 2	轴 3	轴 4	轴 5	轴 6
60000	轴名	Jn	Jn	Jn	Jn	Jn	Jn
60001	轴类型	0	0	0	0	0	0
60010	是否带反馈	1	1	1	1	1	1
60020	螺距	360	360	360	360	360	360
60030	指令类型	1	1	1	1	1	1
60031	电子齿轮比分子	121	121	121	121	121	121
60032	电子齿轮比分母	1	1	1	1	1	1
60040	电机方向取反	0	0	0	0	0	0
60041	编码器脉冲数	131072	131072	131072	131072	131072	131072
60042	编码器类型	1	1	1	1	1	1
60043	反馈齿轮比分子	1	1	−1	1	1	−1
60044	反馈齿轮比分母	1	1	1	1	1	1

参数号	参数名	设定值					
		轴 1	轴 1	轴 1	轴 1	轴 1	轴 1
60045	反馈位置偏移						
60050	跟踪误差允许值	50	50	50	10	50	50
60060	正向软限位	170	150	90	180	110	360
60061	负向软限位	−170	30	−60	−180	−110	−360
60070	反向间隙	0	0	0	0	0	0
60080	最高速度	250	250	250	250	250	250
60081	电机最大转速	350	350	3500	5000	5000	5000
60090	回零方向	0	0	0	0	0	0
60091	回零定位速度	100	100	100	100	100	100
60092	回零找 Z 脉冲速度	1	1	1	1	1	1

在进行轴参数设置的过程中遇到了哪些问题？是如何解决的？请记录在表 2-5-12 中。

表 2-5-12　轴参数设置操作情况记录

遇到的问题	解决方法

3. 伺服参数的设置与调整

（1）HSV-160U 伺服驱动器参数调试。

在 PA 运动参数中选择 PA34 参数，将其设置为 2003，即可打开运动控制参数模式（PB 参数模式）。首先拆掉伺服驱动电源线和抱闸线，参数调试步骤如下。

① 按 S 键→按 M 键→PA34＝2003→设置 PA43 参数→设置 PB42 参数和 PB43 参数→PA34＝1230→按 S 键→按 M 键，找到"EE-WRI"进入辅助模式→按 S 键，待出现"FINISH"字样后断电重启。驱动器参数设置（一）如表 2-5-13 所示。

表 2-5-13　驱动器参数设置（一）

参数号	参数名	使用方法	参数范围	默认值	备注
PA34	用户密码设置	P，S，T	0～2806	232	默认值表示软件版本号，232 表示 2.32 版本 保存参数密码为 1230 使用扩展参数密码为 2003
PA43	驱动单元规格及电机类型代码（若要修改此参数，则必须先将 PA34 参数设置 2003，否则修改无效）	P，S	0～1999	101	千位：1 表示 HSV-160U 百位：1 表示 20A；2 表示 30A；3 表示 50A；4 表示 78A 个位和十位表示电机类型
PB42*	电机额定电流	P，S	300～15000	680	0.01A
PB43*	电机额定电流	P，S	100～9000	2000	1r/min（对于标注*的参数，在正确设置 PA43 参数后会自动配置）

② 按 S 键→按 M 键→PA34=2003→设置 PA0 参数、PA2 参数、PA17 参数、PA23 参数～PA28 参数→PA34=1230→按 S 键→按 M 键，找到"EE-WRI"进入辅助模式→ 按 S 键，待出现"FINISH"字样后断电重启。

在 PA 运动参数中选择 PA34 参数，将其设置为 2003，即可打开运动控制参数模式（PB 参数模式）。驱动器参数设置（二）如表 2-5-14 所示。

表 2-5-14　驱动器参数设置（二）

参数号	参数名	使用方法	参数范围	默认值	备注
PA0	位置比例增益	P	20～10000	400	0.1Hz
PA2*	速度比例增益	P，S	20～10000	500	—
PA17	最高速度限制	P，S	100～12000	2500	1r/min
PA23	控制方式选择	P，S	T0～T7	0	0：位置控制 1：模拟速度 3：内部速度 7：编码器校零
PA24*	伺服电机磁极对数	P，S	T1～T12	3	
PA25*	编码器类型选择	P，S	T0～T9	6	0：1024 线 1：2000 线 2：2500 线 3：6000 线 4：EnDat 2.1 5：BISS 6：Hiper FACE 7：多摩川
PA26	编码器零位偏移量	P，S，T	−32767～32767	0	增量式光电式编码器：距离零脉冲的脉冲数 绝对式光电式编码器：折算到 16 位分辨率时的脉冲数
PA27	电流控制比例增益	P，S，T	10～32767	2600	—
PA28*	电流控制积分时间	P，S，T	1～2047	98	0.1ms

③ 按 S 键→按 M 键→PA34=2003→PA23=7→STA0=0→STA6=1→PA34=1230→按 S 键→按 M 键，找到"EE-WRI"进入辅助模式→按 S 键，待出现"FINISH"字样后断电重启，插上伺服驱动电源线。驱动器参数设置（三）如表 2-5-15 所示。

表 2-5-15　驱动器参数设置（三）

参数号	参数名	使用方法	参数范围	默认值	备注
PA23	控制方式选择	P，S，T	T0～T7	0	0：位置控制 1：模拟速度 3：内部速度 7：编码器校零
STA-0	位置指令接口选择	0：串行脉冲 1：NCUC 总线	—	—	—
STA-6	是否允许由系统内部启动 SVR-ON 控制	0：不允许 1：允许	—	—	—

④ 按 S 键→按 M 键，找到"EE-WRI"进入辅助模式→按上键，找到"CAL-ID"→按 S 键→按 M 键，查看此时 PA34=1111。用手感受电机的轴，当电机有力的作用时，进入"LP-SEL"→按 S 键，出现 FINISH 字样，调零结束→PA34=2003→PA23=0→PA34=1230→按 S 键→按 M 键，找到"EE-WRI"进入辅助模式→按 S 键，待出现"FINISH"字样后断电重启。

⑤ 手动调试，按 S 键→按 M 键，找到"JOG"→按 S 键，出现"RUN"→按上键、下键查看动作是否正常。

⑥ 按 S 键→按 M 键→PA34=2003→STA0=1→STA6=0→PA34=1230→按 S 键→按 M 键，找到"EE-WRI"进入辅助模式→按 S 键，待出现"FINISH"字样后断电重启，恢复电源线和抱闸线。

在进行伺服参数设置与调整的过程中遇到了哪些问题？是如何解决的？请记录在表 2-5-16 中。

表 2-5-16　伺服参数设置与调整操作情况记录

遇到的问题	解决方法

（2）试运行。

系统上电后，进行试运行操作，通过运行状态检测电路连接与参数设置的正确性，并做好试运行记录，如表 2-5-17 所示。

表 2-5-17　试运行记录

序号	运行检查项目	检查结果	维修记录
1	检查电气控制柜上的急停按钮是否有效		
2	检查示教器上的急停按钮是否有效		
3	检查轴 1 正、反向运动是否正常		
4	检查轴 2 正、反向运动是否正常		
5	检查轴 3 正、反向运动是否正常		
6	检查轴 4 正、反向运动是否正常		
7	检查轴 5 正、反向运动是否正常		
8	检查轴 6 正、反向运动是否正常		

在进行试运行的过程中遇到了哪些问题？是如何解决的？请记录在表 2-5-18 中。

表 2-5-18　试运行操作情况记录

遇到的问题	解决方法

完成后，请仔细检查，客观评价，及时反馈。

任务评价

一、成果展示

各小组派代表上台总结在完成任务的过程中学会了哪些技能，发现错误后如何改正，并在教师的监护下进行示范操作。

二、学生自我评估与总结

_____

_____。

三、小组评估与总结

_____

_____。

四、教师评估与总结

_____

_____。

五、各小组对工作岗位的"6S"处理

各小组成员都完成工作任务总结后，必须对自己的工作岗位进行"6S"处理，并归还所借的工具和实习工件。

六、评价表

工业机器人电气控制系统的调试评价表如表2-5-19所示。

表2-5-19　工业机器人电气控制系统的调试评价表

班级：_____ 小组：_____ 姓名：_____			指导教师：_____ 日期：_____				
评价项目	评价标准	评价依据	评价方式			权重	得分小计
			学生自评（20%）	小组互评（30%）	教师评价（50%）		
职业素养	1. 遵守企业规章制度、劳动纪律 2. 按时按质完成工作任务 3. 积极主动承担工作任务，勤学好问 4. 人身安全与设备安全 5. 工作岗位"6S"完成情况	1. 出勤 2. 工作态度 3. 劳动纪律 4. 团队协作精神				0.3	

班级：_____

小组：_____

姓名：_____

指导教师：_____

日期：_____

评价项目	评价标准	评价依据	评价方式			权重	得分小计
			学生自评（20%）	小组互评（30%）	教师评价（50%）		
专业能力	1. 正确进行设备电气控制系统上电前的检查工作 2. 正确设置 IPC 单元的参数 3. 正确设置伺服驱动器的参数 4. 进行试运行检测工作	1. 操作的准确性和规范性 2. 工作页或项目技术总结的完成情况 3. 专业技能任务的完成情况				0.5	
创新能力	1. 在任务完成过程中能提出具有一定见解的方案 2. 在教学或生产管理上提出建议，具有创新性	1. 方案的可行性和意义 2. 建议的可行性				0.2	
合计							

工业机器人的故障诊断与排除

任务1　工业机器人示教器常见故障分析与排除

学习目标

◇ 知识目标：

　1. 掌握工业机器人示教器的维修拆解与更换步骤。

　2. 掌握工业机器人示教器触摸屏校准的方法。

　3. 掌握工业机器人示教器常见故障的维修方法。

◇ 能力目标：

　1. 进行工业机器人示教器的拆解与元件更换。

　2. 进行工业机器人示教器触摸屏的校准。

　3. 根据示教器的故障现象进行故障分析，并排除故障。

工作任务

　　工业机器人以高智能、高质量、高效的特点，在生产中发挥着越来越重要的作用，但在工业机器人的使用过程中，仍然不可避免地会发生一些故障，故障处理较为复杂，将直接影响企业的经济效益。工业机器人故障多发生于工业机器人控制系统，其中，工业机器人示教器在使用不当或使用寿命到了之后，需要进行维修。通过学习，掌握 ABB 机器人示教器的维修拆解与更换步骤，同时完成工业机器人示教器连接线缆、主板、外触摸屏、主屏、摇杆、使能器等的更换，并进行示教器简单故障的检修。

相关知识

一、工业机器人示教器的维修拆解与更换步骤

ABB 机器人示教器的维修拆解与更换步骤如表 3-1-1 所示。

表 3-1-1　ABB机器人示教器的维修拆解与更换步骤

步骤	图示	操作方法
1		拆除两个十字螺钉，拿掉盖板（可以用螺丝刀轻轻翘掉）
2	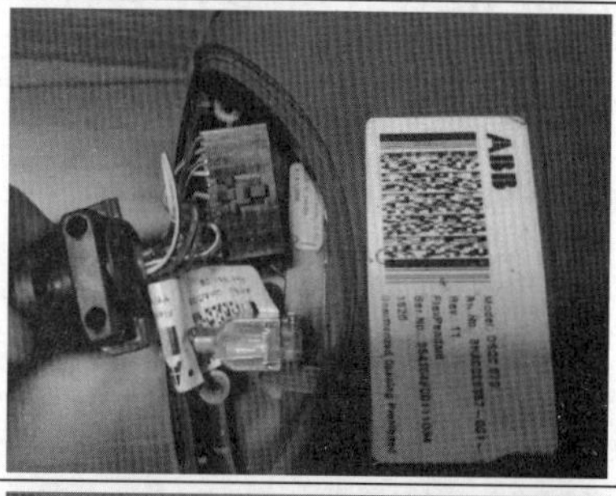	按住卡扣，拔掉水晶头和排线，如果需要更换示教器连接线缆，则在此拔掉连接线缆，换上新的，并盖上盖板即可
3		拆除后壳上的 6 个十字螺钉，握持部位螺钉较深，若是第 1 次拆除，则会有两个橡胶塞分别塞住两个螺钉，因此要想办法先把橡胶塞拆掉
4	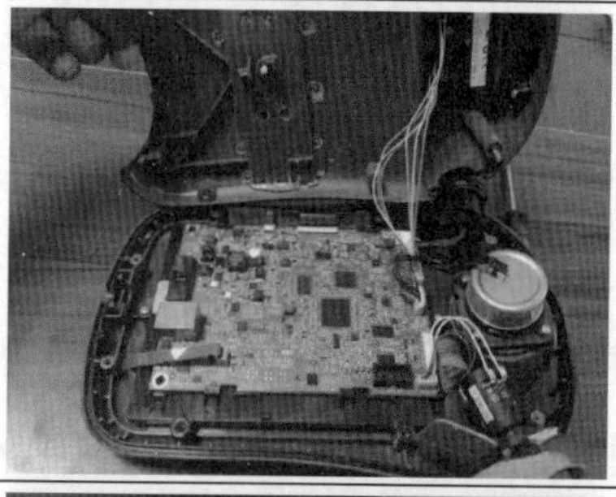	打开后盖，用力要小心，因为里面有使能键等排线连接，以防扯断
5	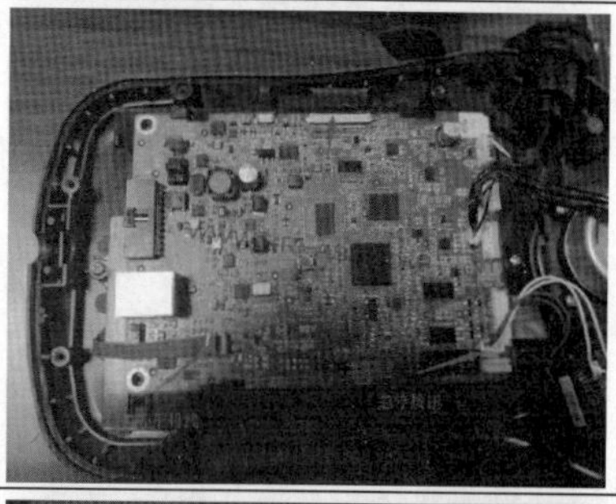	更换摇杆、急停按钮，拔掉对应的排线，拔排线时最好使用专用工具，若徒手拆除，则应控制好力道
6	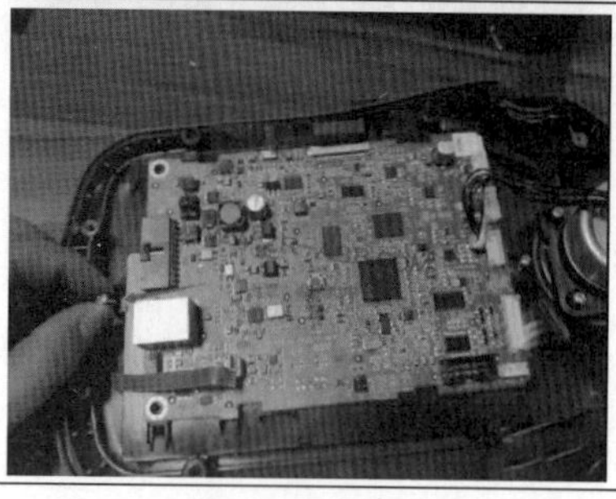	拆除主板上的两个固定螺钉，拔掉主板上的排线

续表

步骤	图示	操作方法
7		按下固定主板卡扣，按照图中箭头方向推动主板，即可拆除主板
8		分离主板，若需要更换触摸屏，则可在外屏上拆卸更换，或者更换主屏

二、工业机器人示教器触摸屏故障维修

在进行工业机器人示教器的维修过程中，维修人员首先要做的是诊断工业机器人示教器的故障原因，从根源出发解决问题。常见的工业机器人示教器触摸屏的故障现象和维修方法如下。

1．触摸偏差

故障现象1：手指触摸的位置与鼠标箭头没有重合。

故障原因：示教器安装完驱动程序后，在校正位置时，没有垂直触摸靶心正中位置。

解决方法：重新校正位置。

故障现象2：示教器触摸屏的部分区域触摸准确，部分区域触摸偏差。

故障原因：表面声波触摸屏四周的声波反射条纹上积累了大量的尘土或水垢，影响了声波信号的传递。

解决方法：清洁触摸屏，特别注意要将触摸屏四周的声波反射条纹清洁干净，清洁时应将触摸屏控制卡的电源断开。

2．触摸无反应

故障现象：触摸屏幕时鼠标箭头无任何动作，没有发生位置改变。

故障原因：造成此现象的原因很多，具体如下。

（1）表面声波触摸屏四周的声波反射条纹上积累了大量的尘土或水垢，导致触摸屏无法工作。

（2）触摸屏发生故障。

（3）触摸屏控制卡发生故障。

（4）触摸屏信号线发生故障。

（5）主机串口发生故障。

（6）示教器操作系统发生故障。

（7）触摸屏驱动程序安装错误。

触摸无反应故障的解决方法如下。

（1）观察触摸屏指示灯，该指示灯在正常情况下会有规律地闪烁，大约每秒钟闪烁一次。当触摸屏幕时，指示灯常亮，停止触摸后，指示灯恢复闪烁状态。

（2）如果指示灯在没有触摸时仍然处于常亮状态，那么首先检查触摸屏是否需要清洁，然后检查硬件连接的串口号与软件设置的串口号是否相符，以及计算机主机串口是否正常工作。

（3）运行驱动盘中的 COMDUMP 命令。该命令为 DOS 下的命令，运行时在 COMDUMP 后面加空格和串口的代号 1 或 2，并触摸屏幕，看是否有数据输出。若有数据输出，则硬件连接正常，应检查软件的位置是否正确，以及是否与其他硬件设备发生冲突；若没有数据输出，则表明硬件出现故障，具体故障点待定。

（4）运行驱动盘中的 SAWDUMP 命令。该命令为 DOS 下的命令，程序运行时将询问控制卡的类型、连接的端子号、传输速率，并从控制卡中读取相关数据。此时应注意查看屏幕左下角的 X 轴的 AGC 和 Y 轴的 AGC 的数值，当任一轴的数值为 225 时，表示该轴的换能器出现故障，需要进行维修。

（5）安装完驱动程序后，进行第一次校正，注意观察系统报错的详细内容，如"没有找到控制卡""触摸屏没有连接"等。根据提示检查相应的部件，如触摸屏信号线是否与控制卡连接牢固，键盘取电线是否全部与主机连接等。

三、工业机器人示教器触摸屏的校准

工业机器人示教器通过触摸屏进行操作，如果触摸屏触摸不准，那么会影响使用。工业机器人示教器的控制面板带有触摸屏校准功能，校准的具体步骤如下。

（1）若触摸偏移不是很大，则可以按照 ABB 机器人主菜单→控制面板→触摸屏→重校的指引步骤进行校准。首先触击 ABB 机器人主菜单，进入控制面板界面，如图 3-1-1 所示；然后选择"触摸屏"选项，并触击"校准触摸屏"按钮，进入触摸屏重校选择界面，如图 3-1-2 所示；最后根据提示校准。

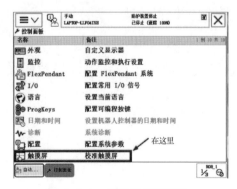

图 3-1-1　控制面板界面

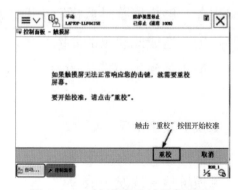

图 3-1-2　触摸屏重校选择界面

（2）若屏幕已经完全失准（无法触击相应位置），则此方法不可使用。此时，可以重启机器人，同时按住示教器的可编程 4 键和 Stop 键，如图 3-1-3 所示。

图 3-1-3　同时按住示教器的可编程 4 键和 Stop 键

（3）系统进入如图 3-1-4 所示的界面，按照指引校准触摸屏的 4 个角（建议用自带的触摸笔，不要用过于锋利的物品，防止损坏示教器）。

（4）触摸屏的 4 个角校准完成后，触击"Confirm"按钮，如图 3-1-5 所示。

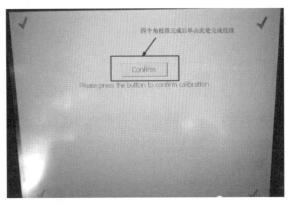

图 3-1-4　进入校准触摸屏的 4 个角界面　　　　图 3-1-5　触击"confirm"按钮

一、外围设备、工具的准备

为完成工作任务，每个小组需要向工作站内的仓库工作人员提供借用工具、设备清单，如表 3-1-2 所示。

表 3-1-2　借用工具、设备清单

容量	名称	数量	借出时间	学生签名	归还时间	学生签名	管理员签名
1							
2							
3							
4							
5							
6							
7							

二、团队分配方案

还等什么？赶快制订工作计划并实施。

任务实施

一、为了更好地完成任务，你可能需要回答以下问题

1．简述工业机器人示教器触摸屏校准的方法和步骤。

2．简述工业机器人示教器的维修拆解和更换步骤。

二、工作任务实施

1．工业机器人示教器触摸屏的校准

查阅资料，按照工业机器人示教器触摸屏校准的方法和步骤完成示教器触摸屏的校准。在进行工业机器人示教器触摸屏校准的过程中遇到了哪些问题？是如何解决的？请记录在表 3-1-3 中。

表 3-1-3　机器人示教器屏幕校准操作情况记录

遇到的问题	解决方法

2．工业机器人示教器常见故障维修

查阅资料，根据工业机器人示教器的故障现象，按照工业机器人示教器触摸屏故障维修的方法和步骤完成示教器的故障维修工作，并将维修情况记录在表 3-1-4 中。

表 3-1-4　故障检查项目记录

序号	故障现象	情况记录
1	手指触摸的位置与鼠标箭头没有重合	
2	示教器触摸屏的部分区域触摸准确，部分区域触摸偏差	
3	触摸屏幕时鼠标箭头无任何动作，没有发生位置改变	

在进行工业机器人示教器触摸屏故障维修的过程中遇到了哪些问题？是如何解决的？请记录在表 3-1-5 中。

表 3-1-5　工业机器人示教器触摸屏故障维修操作情况记录

遇到的问题	解决方法

完成后，请仔细检查，客观评价，及时反馈。

一、成果展示

各小组派代表上台总结在完成任务的过程中学会了哪些技能，发现错误后如何改正，并在教师的监护下进行示范操作。

二、学生自我评估与总结

_____

_____ 。

三、小组评估与总结

_____

_____ 。

四、教师评估与总结

_____

_____ 。

五、各小组对工作岗位的"6S"处理

在各小组成员都完成工作任务总结后，必须对自己的工作岗位进行"6S"处理，并归还所借的工具和实习工件。

六、评价表

工业机器人示教器常见故障与排除评价表如表 3-1-6 所示。

表 3-1-6 工业机器人示教器常见故障与排除评价表

| 班级：_____ | 小组：_____ | 姓名：_____ | 指导教师：_____ | 日期：_____ | | | |

评价项目	评价标准	评价依据	评价方式			权重	得分小计
			学生自评（20%）	小组互评（30%）	教师评价（50%）		
职业素养	1. 遵守企业规章制度、劳动纪律 2. 按时按质完成工作任务 3. 积极主动承担工作任务，勤学好问 4. 人身安全与设备安全 5. 工作岗位"6S"完成情况	1. 出勤 2. 工作态度 3. 劳动纪律 4. 团队协作精神				0.3	
专业能力	1. 正确进行工业机器人示教器的维修拆解与更换 2. 进行工业机器人示教器触摸屏的校准 3. 根据工业机器人示教器的故障现象进行故障原因分析，并能排除故障	1. 操作的准确性和规范性 2. 工作页或项目技术总结的完成情况 3. 专业技能任务的完成情况				0.5	
创新能力	1. 在任务完成过程中能提出具有一定见解的方案 2. 在教学或生产管理上提出建议，具有创新性	1. 方案的可行性和意义 2. 建议的可行性				0.2	
合计							

任务 2 工业机器人控制系统常见故障分析与排除

 学习目标

✧ 知识目标：

1. 掌握工业机器人控制系统的组成。

2. 掌握工业机器人电源模块故障的分析与排除方法。

3. 掌握工业机器人示教器故障的分析与排除方法。

4. 掌握工业机器人伺服驱动模块故障的分析与排除方法

✧ 能力目标：

1. 根据工业机器人电源模块的故障现象进行故障原因分析，并排除故障。

2. 根据工业机器人示教器的故障现象进行故障原因分析，并排除故障。

3. 根据工业机器人伺服驱动模块的故障现象进行故障原因分析，并排除故障。

工作任务

工业机器人故障多发生于工业机器人控制系统，通过学习，掌握工业机器人控制系统故障的分析与排除方法，同时完成工业机器人电源模块、示教器、伺服驱动模块等的故障检修。

 相关知识

一、ABB 机器人控制系统的组成和功能

1．ABB 机器人的组成

ABB 机器人由示教器、IRC5 控制器和机器人本体三大部分组成，如图 3-2-1 所示。通过示教器和 IRC5 控制器对机器人本体进行控制，实现机器人的操作，完成需要的功能。

图 3-2-1 ABB 机器人的组成

2．控制系统的基本组成和功能

IRB 系列 ABB 机器人控制系统主要由示教器、IRC5 控制器和伺服电机三大部分组成，其控制系统框图如图 3-2-2 所示。伺服电机安装在机器人本体上。

ABB 机器人控制系统的核心部分为示教器和 IRC5 控制器。

示教器用于处理与机器人系统操作相关的许多功能，如运行程序、微动控制、修改机器人程序等。示教器本身是一个完整的计算机，通过集成电缆和连接器与 IRC5 控制器连接。IRC5 控制器主要由操作面板、主计算机、电源模块、整流模块、I/O 模块和伺服模块等组成，如图 3-2-3 所示。IRC5 控制器包括移动和控制机器人的所有必要功能。

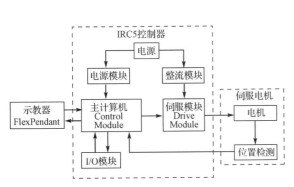

图 3-2-2 IRB 系列 ABB 机器人控制系统框图

图 3-2-3 ABB 机器人控制系统的硬件组成

主计算机和伺服模块是 IRC5 控制器的两个关键部分。主计算机包括主板和存储单元，由主计算机完成对机器人功能的控制；伺服模块通过接收主计算机的指令来控制伺服电机的运行，由计算机本体完成各项工作任务。

ABB 机器人的所有软件均安装在 CF 卡中，包括系统软件和应用软件，系统软件主要由启动系统（开机程序）和 Windows 操作系统组成，是整个机器人系统的运行和操作平台。系统启动时，数据从 CF 卡加载到主板 RAM 内存中。CF 卡安装在主计算机背面左下方，如图 3-2-4 所示。

图 3-2-4　CF 卡的安装位置

二、ABB 机器人常见故障与排除方法

ABB 机器人的电源模块、示教器和伺服驱动模块（伺服模块和驱动模块统称为伺服驱动模块）发生的故障较多，故障原因也多种多样，而且一种故障可能会引起多种状况，在此仅就 ABB 机器人常见的一些故障与排除方法进行介绍。

1. 电源模块的故障排除方法

ABB 机器人电源模块的故障现象、故障原因与故障排除方法如表 3-2-1 所示。

表 3-2-1　ABB机器人电源模块的故障现象、故障原因与故障排除方法

故障现象	故障原因	故障排除方法
机器人控制器无响应	1. 控制器主电源未连接 2. 主变压器存在故障或连接不正确 3. 主熔断器芯 Q1 可能熔断 4. 控制模块和驱动模块未连接	1. 检查主电源工作是否正常，确保电压符合控制器要求 2. 检查主变压器连接是否正确，电源是否符合要求 3. 检查驱动模块中的主熔断器芯 Q1 是否完好 4. 检查驱动模块和控制模块的连接是否完好
控制器上的所有 LED 指示灯都不亮	1. 系统无供电电源 2. 主变压器连接的主电压不正确 3. 断路器 F6 有故障 4. 接触器 K41 故障	1. 检查主开关是否接通 2. 检查主变压器连接是否正确，确保系统通电 3. 检查断路器 F6 是否闭合 4. 检查接触器 K41 是否处于断开状态，确保它在执行指令时是闭合的
连接控制器模块维修插座的设备无法工作	1. 断路器 F5 跳闸 2. 接地保护断路器 F4 跳闸 3. 主电源掉电 4. 变压器连接错误	1. 检查控制模块中的断路器 F5 是否闭合 2. 检查接地保护断路器 F4 是否闭合 3. 检查机器人系统的电源是否符合规范要求 4. 检查插座供电的变压器连接是否正确

2．示教器的故障排除方法

ABB 机器人示教器的故障现象、故障原因与故障排除方法如表 3-2-2 所示。

表 3-2-2　ABB 机器人示教器的故障现象、故障原因与故障排除方法

故障现象	故障原因	故障排除方法
示教器无法启动	1．示教器未开启 2．示教器没有与控制器连接 3．示教器连接到控制器的电缆损坏 4．控制器的电源出现故障	1．检查系统是否打开 2．检查示教器是否与控制器连接 3．检查示教器电缆是否有损坏现象。如果损坏，则更换连接电缆 4．检查控制器电源，如果有可能，那么可将示教器接到另一台控制器上，以排除示教器本身的故障
示教器可以启动，但无法进入正常运行界面	1．以太网连接有问题 2．主计算机有问题	1．检查电源到主计算机的全部电缆，确保它们正确连接 2．检查示教器与控制器连接是否正确 3．检查控制器中所有单元的 LED 指示灯是否正常 4．检查主计算机上的全部状态信号是否正常
示教器启动正常，但示教器控制杆无法操作	1．控制杆故障 2．控制杆零位发生偏移	1．检查控制器是否处于手动模式 2．重置示教器 3．控制杆损坏时要更换

3．伺服驱动模块的故障排除方法

ABB 机器人伺服驱动模块的故障现象、故障原因与故障排除方法如表 3-2-3 所示。

表 3-2-3　ABB机器人伺服驱动模块的故障现象、故障原因与故障排除方法

故障现象	故障原因	故障排除方法
电机两相短路，报警号为 20177	电机本身或电机电缆损坏，或者电路接触器或电机绕组故障	1．检查电机电缆与驱动单元之间是否短路 2．测量电缆和电机的电阻，检查其是否完好 3．更新所有故障组件
驱动晶闸管的电流太大	1．电机参数配置不合理 2．轴负载太大 3．电机相间有短路或接地	1．检查电机参数配置是否符合要求 2．检查 ABB 机器人是否发生卡阻或碰撞 3．检查轴负载相对于驱动装置是否太大 4．分别测量电机电缆和电机的电阻，确认其是否正常
轴1电机散热风扇故障，报警号为 20307	风扇电机绕组故障或电机电缆破损	1．检查风扇电源线是否完好，连接到电机或接触器单元是否正常 2．检查风扇或驱动模块电源是否正常
驱动单元温度警告，报警号为 34307	1．散热风扇出现故障或气流受阻 2．风扇叶片被灰尘覆盖，降低了散热效果 3．环境温度过高	1．检查风扇是否正在运转及气流是否受阻 2．清洁风扇叶片 3．检查环境温度是否超过规定的额定温度

三、ABB 机器人控制系统特殊故障排除实例

ABB 机器人控制系统特殊故障需要采用特殊方法进行处理，下面对两个特殊故障实例进行分析，并针对故障排除方法进行详细描述。

1．故障实例一

（1）故障现象描述。

以广西机电技师学院的型号为 IBR1600 的 ABB 机器人为例，在机器人系统启动过程中，示教器界面出现提示"Connecting to be robot controller"，如图 3-2-5 所示。这个提示的含义是

"正在连接机器人控制器"，系统启动时一直停留在此界面不再继续往下运行。

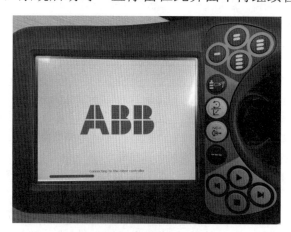

图 3-2-5 示教器显示界面

（2）故障分析与处理。

根据故障现象描述可以知道，示教器在启动过程中无法与机器人控制器主计算机进行通信，导致系统无法进入正常的 Windows 启动界面，涉及该故障的元器件有示教器、主计算机，以及示教器与主计算机之间的通信电缆。首先，对示教器进行检查，反复观察示教器启动时出现的提示信息（示教器能够正常显示自检信息和通信网址），由此可以初步排除示教器本身的问题；其次，检查通信电缆，用万用表对通信电缆各引脚逐个进行测量，若所有连线均完好，则可以排除通信电缆故障。

通过上述分析和检查，可以判断故障发生在主计算机上。主计算机故障既可能是软件故障，又可能是硬件故障，如何判断是软件故障还是硬件故障是一个难题。首先，根据主计算机上的 LED 指示灯状态判断主计算机硬件是否正常，若电源指示灯正常点亮，则表示主计算机电源正常；主板指示灯在开机过程中先是红灯闪烁状态，后变为绿灯闪烁状态，最后绿灯常亮，初步说明计算机主板没有问题。用一台笔记本电脑上网，设置为自动搜索网址，单击"在线"和"一键连接"按钮后，显示硬件已连接，但屏幕提示"服务器端口未发现控制器"，进一步判断主计算机硬件正常，基本上可以认为是软件故障。

前面已经介绍过，控制器主计算机的软件装在 CF 卡上，那么怎样确定是软件故障还是 CF 卡故障呢？这又是一个难题。首先，观察开机程序引导 LED 指示灯，正常情况下，在开机过程中，LED 指示灯闪烁，开机完成后，LED 指示灯熄灭。若在实际操作时发现开机过程中此指示灯不闪烁，则可能是软件故障或 CF 卡故障。接下来就要判断是软件故障还是 CF 卡故障了。

检查 CF 卡上的文件，若 CF 卡上的文件可以正常读取，则说明 CF 卡本身是完好的，问题应该出在系统启动软件（开机程序）上，系统启动软件损坏将导致系统无法正常启动。用户一般没有办法安装系统启动软件，因此要与厂商服务人员联系。厂商服务人员表示需要更换包含软件的 CF 卡，这个 CF 卡的价格近 7000 元。如果从厂商购买 CF 卡，那么不仅耽误时间，还要支付一定的费用。因此要寻找既不花钱又能很快修复软件的方法，学校有相同型号的机器人，此时可以考虑利用这台完好机器人的 CF 卡制作一个系统，CF 卡分为 C 盘和 D 盘，其中 C 盘为系统盘。首先，用 Ghost 镜像软件对 C 盘进行恢复，若故障依旧，则表示没有成功；然后，将两个 CF 卡同时装在笔记本电脑上，用 Ghost 镜像软件进行整盘镜像，将完好的 CF 卡的系统完整地克隆到故障 CF 卡中；最后，将修复的 CF 卡插入主计算机，启动机器人，系统能够正常启动并运行正常，故障成功排除。

2. 故障实例二

（1）故障现象描述。

这里以广西机电技师学院实习工厂型号为 IBR2400 的筒体切割 ABB 机器人为例，开机时示教器触摸屏中间部分显示"Welcome to ABB"，表示进入 ABB 欢迎界面。同时，屏幕上方状态栏显示故障报警"系统故障 System04（192.168.133.1）"，如图 3-2-6 所示。系统可以完成启动，但无法进入正常的机器人应用界面。

图 3-2-6　示教器显示界面

（2）故障分析与处理。

从故障报警画面可以看出，机器人 Windows 系统启动已完成，但在进入机器人的操作界面时，出现了系统故障报警。这意味着机器人应用系统 System04 没有启动，System04 系统参数可能已损坏或丢失，需要重新恢复应用系统参数。一般在机器人 CF 卡中都有应用系统备份参数和出厂时安装的原始系统参数。

恢复应用系统参数通常采用以下两种方法。

① 重启系统，采用 B-启动。重启系统之后，系统将使用上次成功关机的映像文件的备份。

② 重启系统，采用 I-启动。重启系统之后，系统参数和其他设置会从出厂时的原始安装系统中读取，系统将返回出厂时的原始状态。

若采用以上两种方法恢复应用系统参数均无效，则说明备份参数和出厂时的原始参数均损坏或丢失。按通常的方法无法修复此故障，该如何处理？这时可尝试使用 Robot Studio 创建一个新的系统。Robot Studio 是 ABB 机器人的专用软件，主要用于离线创建应用系统、进行程序编辑和模拟机器人单元，具体操作步骤如下。

① 用一台装有 Robot Studio 软件的计算机创建一个新的系统"New"。计算机用网线与机器人主计算机连接。

工业机器人保养与维护

② 启动软件，单击"在线"按钮，并单击"系统生成器"按钮，进入机器人系统生成器。

③ 选择新的系统"New"，首先单击"将系统下载到控制器"按钮，然后单击"控制器 IP 地址"按钮，最后单击连接测试，连接成功。

④ 单击"传输"按钮，出现提示"正在创建系统打包，请等待"。

⑤ 系统安装完成，重启系统。

通过以上操作，机器人应用系统恢复正常，故障得以排除。

 任务准备

一、外围设备、工具的准备

为完成工作任务，每个小组需要向工作站内的仓库工作人员提供借用工具、设备清单，如表 3-2-4 所示。

表 3-2-4　借用工具、设备清单

容量	名称	数量	借出时间	学生签名	归还时间	学生签名	管理员签名
1							
2							
3							
4							
5							
6							
7							

二、团队分配方案

还等什么？赶快制订工作计划并实施。

任务实施

一、为了更好地完成任务，你可能需要回答以下问题

1. 简述工业机器人电源模块常见的故障现象。

2．简述工业机器人伺服驱动模块常见的故障现象。

二、工作任务实施

1．工业机器人电源模块的故障维修

查阅资料，根据工业机器人电源模块的故障现象分析故障原因，并使用正确的方法完成电源模块的故障维修，同时将维修情况记录在表 3-2-5 中。

表 3-2-5　工业机器人电源模块故障检查项目记录

序号	故障现象	情况记录
1	控制器无响应	
2	控制器上的所有 LED 指示灯都不亮	
3	连接控制器模块维修插座的设备无法工作	

在进行工业机器人电源模块故障的维修过程中遇到了哪些问题？是如何解决的？请记录在表 3-2-6 中。

表 3-2-6　工业机器人电源模块故障维修操作情况记录

遇到的问题	解决方法

2．工业机器人示教器的故障维修

查阅资料，根据示教器的故障现象分析故障原因，并使用正确的方法完成示教器的故障维修，同时将维修情况记录在表 3-2-7 中。

表 3-2-7　工业机器人示教器故障检查项目记录

序号	故障现象	情况记录
1	示教器无法启动	
2	示教器可以启动，但无法进入正常运行界面	
3	系统启动正常，但示教器控制杆无法操作	

在进行工业机器人示教器故障维修的过程中遇到了哪些问题？是如何解决的？请记录在表 3-2-8 中。

表 3-2-8　工业机器人示教器故障维修操作情况记录

遇到的问题	解决方法

3. 工业机器人伺服驱动模块的故障维修

查阅资料，根据伺服驱动模块的故障现象分析故障原因，并使用正确的方法完成伺服驱动模块的故障维修，同时将维修情况记录在表 3-2-9 中。

表 3-2-9　工业机器人伺服驱动模块故障检查项目记录

序号	故障现象	情况记录
1	电机两相短路，报警号为 20177	
2	驱动晶闸管的电流太大	
3	轴 1 电机散热风扇故障，报警号为 20307	
4	驱动单元温度警告，报警号为 34307	

在进行工业机器人伺服驱动模块故障维修的过程中遇到了哪些问题？是如何解决的？请记录在表 3-2-10 中。

表 3-2-10　工业机器人伺服驱动模块故障维修操作情况记录

遇到的问题	解决方法

完成后，请仔细检查，客观评价，及时反馈。

任务评价

一、成果展示

各小组派代表上台总结在完成任务的过程中，学会了哪些技能，发现错误后如何改正，并在教师的监护下进行示范操作。

二、学生自我评估与总结

_____

_____。

三、小组评估与总结

_____

_____。

四、教师评估与总结

_____

_____。

五、各小组对工作岗位的"6S"处理

各小组成员都完成工作任务总结后，必须对自己的工作岗位进行"6S"处理，并归还所借的工具和实习工件。

六、评价表

工业机器人控制系统故障分析与排除评价表如表 3-2-11 所示。

表 3-2-11　工业机器人控制系统故障分析与排除评价表

班级：＿＿＿＿＿＿ 小组：＿＿＿＿＿＿ 姓名：＿＿＿＿＿＿		指导教师：＿＿＿＿＿＿ 日期：＿＿＿＿＿＿					
评价项目	评价标准	评价依据	评价方式			权重	得分小计
			学生自评（20%）	小组互评（30%）	教师评价（50%）		
职业素养	1. 遵守企业规章制度、劳动纪律 2. 按时按质完成工作任务 3. 积极主动承担工作任务，勤学好问 4. 人身安全与设备安全 5. 工作岗位"6S"完成情况	1. 出勤 2. 工作态度 3. 劳动纪律 4. 团队协作精神				0.3	
专业能力	1. 根据故障现象，正确排除工业机器人电源模块的故障 2. 根据故障现象，正确排除工业机器人示教器的故障 3. 根据故障现象，正确排除工业机器人伺服驱动模块的故障	1. 操作的准确性和规范性 2. 工作页或项目技术总结的完成情况 3. 专业技能任务的完成情况				0.5	
创新能力	1. 在任务完成过程中能提出具有一定见解的方案 2. 在教学或生产管理上提出建议，具有创新性	1. 方案的可行性和意义 2. 建议的可行性				0.2	
合计							

工业机器人的维护与保养

任务1　工业机器人本体的维护与保养

学习目标

◇ 知识目标：

1. 掌握工业机器人本体的维护与保养计划。
2. 熟悉工业机器人本体状态检查项目。
3. 掌握工业机器人电池的使用与更换注意事项。
4. 掌握工业机器人各轴加/排油孔的位置选择。
5. 掌握工业机器人同步带的使用注意事项。

◇ 能力目标：

1. 更换工业机器人电池。
2. 更换工业机器人润滑油。
3. 更换工业机器人同步带。

工作任务

工业机器人在现代企业生产活动中的作用十分重要，工业机器人状态的好坏直接影响其工作效率，进而影响企业的经济效益。因此，工业机器人本体的维护与保养的主要任务之一就是保证工业机器人的正常运转，让工业机器人有更高的工作效率，使企业获得更高的经济效益。通过学习，对工业机器人本体进行定期维护与保养，并完成工业机器人本体简单故障的检修，同时进行工业机器人变速箱齿轮油的更换。

相关知识

一、工业机器人的检查

1. 工业机器人本体的检查

工业机器人本体的检查如表 4-1-1 所示。

表 4-1-1　工业机器人本体的检查

序号	检查内容	检查事项	方法和对策
1	整体外观	工业机器人本体外观上有无污物、龟裂和损伤	清扫灰尘、焊接飞溅，并进行处理（在用真空吸尘器和用布擦拭时，使用少量酒精或清洁剂；在用水清洁时，加入防腐剂）

续表

序号	检查内容	检查事项	方法和对策
2	机器人本体安装螺钉	1. 工业机器人本体上安装的螺钉是否紧固 2. 焊枪本体安装螺钉、母材线、地线是否紧固	1. 紧固螺钉 2. 紧固螺钉和各零部件
3	同步带	检查同步带的张紧力和磨损程度	1. 调整同步带的扩张程度 2. 同步带损伤、磨损严重时要更换
4	伺服电机安装螺钉	伺服电机安装螺钉是否紧固	打开控制电源,目测所有风扇运转是否正常,若不正常,则予以更换
5	超程开关的运转	闭合电源开关,打开各轴开关,检查运转是否正常	检查机器人本体上有几个超程开关
6	原点标志	原点复位,确认原点标志是否吻合	目测原点标志是否吻合
7	腕部	1. 伺服锁定时腕部有无松动 2. 在所有运转中腕部有无松动	腕部松动时要调整锥齿轮
8	阻尼器	检查所有阻尼器是否损伤、破裂或存在大于 1mm 的印痕;检查连接螺钉是否变形	目测到任何损伤时必须更换新的阻尼器;如果连接螺钉有变形,需更换连接螺钉
9	润滑油	检查齿轮箱润滑油的量和清洁程度	卸下油塞,用带油嘴和集油箱的软管排出齿轮箱中的油,装上油塞,重新注油(注油量根据排出的量而定)
10	平衡装置	检查平衡装置有无异常	卸下螺母,拆去平衡装置防护罩,抽出少量气,检查内部平衡缸;擦干净内部平衡缸,目测内部环有无异常,更换有异常的部分;推回气缸,装好防护罩并拧紧螺母
11	防碰撞传感器	闭合电源开关和伺服电源,拨动焊枪,使防碰撞传感器运转,看紧急停止功能是否正常	防碰撞传感器损坏或不能正常工作时应进行更换
12	空转(刚性损伤)	运转各轴,检查是否有刚性损伤	若有刚性损伤,则应进行更换
13	锂电池	检查锂电池的使用时间	每两年更换一次
14	电线束、谐波油(黄油)	检查工业机器人本体内电线束上黄油的情况	在工业机器人本体内电线束上涂敷黄油,以 3 年为周期进行更换
15	所有轴的异常振动、异常声音	检查所有运转中轴的异常振动和异常声音	用示教器手动操作转动各轴,不能有异常振动和异常声音
16	所有轴的运转区域	示教器手动操作转动各轴,检查在软限位报警时是否达到硬限位	目测是否达到硬限位,若未达到,则进行调节
17	所有轴与原来标志的一致性	原点复位后,检查所有轴与原点标志是否一致	用示教器手动操作转动各轴,目测所有轴与原点标志是否一致,若不一致,则重新检查第 6 项
18	变速箱润滑油	卸下油塞,检查油位	如果漏油,则根据需要用油枪补油(第一次工作隔 6000h 更换,以后每隔 24000h 更换)
19	外部导线	目测有无污迹、损伤	若有污迹、损伤,则进行清理或更换
20	外露电机	目测有无漏油情况	若有漏油情况,则清查并联系专业人员
21	大修	30000h	联系厂商人员

2．工业机器人连接电缆的检查

工业机器人连接电缆的检查如表 4-1-2 所示。在检查工业机器人连接电缆时，应先关闭连接工业机器人的所有电源、液压源、气压源，然后进入工业机器人工作区域进行检查。

表 4-1-2　工业机器人连接电缆的检查

序号	检查内容	检查事项	方法及对策
1	工业机器人本体与伺服电机相连的电缆	1．接线端子的松紧程度 2．电缆外观有无磨损和损伤	1．用手确认松紧程度 2．目测外观有损伤、磨损时应及时更换
2	焊机及接口相连的电缆	1．接线端子的松紧程度 2．电缆外观有无磨损和损伤	1．用手确认松紧程度 2．目测外观有损伤、磨损时应及时更换
3	与控制装置相连的电缆	1．接线端子的松紧程度 2．电缆外观（包括示教器和外部轴电缆）有无磨损、损伤	1．用手确认松紧程度 2．目测外观有损伤、磨损时应及时更换
4	接地线	1．工业机器人本体与控制装置间是否接地 2．外部轴与控制装置间是否接地	目测并连接接地线
5	电缆导向装置	检查底座上的连接器电缆导向装置有无磨损或损坏	若有磨损或损坏，则应及时更换

3．工业机器人各部分的维护与维护周期

为确保工业机器人正常工作，必须对其进行维护与保养。工业机器人各部分的维护与维护周期如表 4-1-3 所示。

表 4-1-3　工业机器人各部分的维护与维护周期

维护类型	项目	周期	环境	关键词
检查	轴 1 的齿轮，油位	12 个月	环境温度<50℃	检查，油位，变速箱 1
检查	轴 2 的齿轮，油位	12 个月	环境温度<50℃	检查，油位，变速箱 2
检查	轴 3 的齿轮，油位	12 个月	环境温度<50℃	检查，油位，变速箱 3
检查	轴 4 的齿轮，油位	12 个月	环境温度<50℃	检查，油位，变速箱 4
检查	轴 5 的齿轮，油位	12 个月	环境温度<50℃	检查，油位，变速箱 5
检查	轴 6 的齿轮，油位	12 个月	环境温度<50℃	检查，油位，变速箱 6
检查	平衡设备	12 个月	环境温度<50℃	检查，平衡设备
检查	机械手电缆	12 个月	—	检查动力电缆
检查	轴 2～轴 5 的节气阀	12 个月	—	检查轴 2～轴 5 的节气阀
检查	轴 1 的机械制动	12 个月	—	检查轴 1 的机械制动
更换	轴 1 的齿轮油	48 个月	环境温度<50℃	更换，变速箱 1
更换	轴 2 的齿轮油	48 个月	环境温度<50℃	更换，变速箱 2
更换	轴 3 的齿轮油	48 个月	环境温度<50℃	更换，变速箱 3
更换	轴 4 的齿轮油	48 个月	环境温度<50℃	更换，变速箱 4
更换	轴 5 的齿轮油	48 个月	环境温度<50℃	更换，变速箱 5
更换	轴 6 的齿轮油	48 个月	环境温度<50℃	更换，变速箱 6
更换	轴 1 的齿轮	96 个月	—	—
更换	轴 2 的齿轮	96 个月	—	—
更换	轴 3 的齿轮	96 个月	—	—
更换	轴 4 的齿轮	96 个月	—	—

续表

维护类型	项目	周期	环境	关键词
更换	轴 5 的齿轮	96 个月	—	—
更换	机械手动力电缆	—	—	检测到破损或使用寿命到的时候更换
更换	SMB 电池	36 个月	—	—
润滑	平衡设备轴承	48 个月	—	—

说明：如果工业机器人工作的环境温度高于 50℃，那么需要维护得更频繁。轴 4 和轴 5 的变速箱的维护周期不是由 SIS（Service Information System）计算出来的。

4．工业机器人各部件的预期寿命

以 ABB IRB 6600 机器人为例，由于工作强度不同，预期寿命也会有很大的不同。

（1）动力电缆。

动力电缆的寿命约为 2000000 个循环。这里的 1 个循环表示每个轴从标准位置到最小角度再到最大角度，然后回到标准位置，如果离开这个循环，那么寿命会不一样。

（2）限位开关和风扇电缆。

限位开关和风扇电缆的寿命约为 2000000 个循环。这里的 1 个循环也表示每个轴从标准位置到最小角度再到最大角度，然后回到标准位置，如果离开这个循环，那么寿命也会不一样。

（3）平衡设备。

平衡设备的寿命约为 2000000 个循环。这里的 1 个循环表示从初始位置到最大位置，再回到初始位置，如果离开这个循环，那么寿命会不一样。

（4）变速箱。

变速箱的寿命为 40000 个小时。在正常条件下进行点焊，机器人定义年限为 8 年（350000 个循环/年）。鉴于实际工作的不同，每个变速箱的寿命可能会与标准定义的不一样。SIS 会保存各变速箱的运行轨迹，当需要维护时，会通知用户。

二、变速箱油位的检测

1．轴 1 变速箱油位的检测

轴 1 的变速箱位于骨架和基座之间，如图 4-1-1 所示。轴 1 变速箱油位的检测方法与步骤如下。

（1）卸下加油孔的油塞，检查油位。

（2）最低油位：距离加油孔不超过 10mm。

（3）若有必要，则加油。

（4）装上加油孔的油塞（上紧油塞，扭矩为 24N·m）。

2．轴 2 变速箱油位的检测

在轴 2 的电机和变速箱之间有一个电机附加装置，以两种方式存在：早期的电机附加装置是直接附加在变速箱上的；在后来的设计中，这个电机附加装置被附加到了框架上。另外，还

工业机器人保养与维护

设计有一个盖子配合的方式。轴2的变速箱位于低手臂的旋转中心、电机附加装置和盖子的后面。电机附加装置（后期设计）的位置如图4-1-2所示。

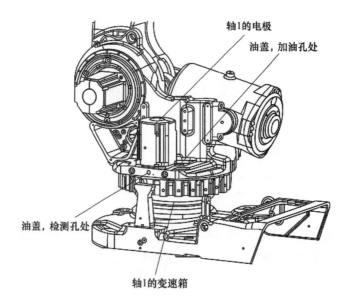

图 4-1-1　轴 1 的变速箱位置

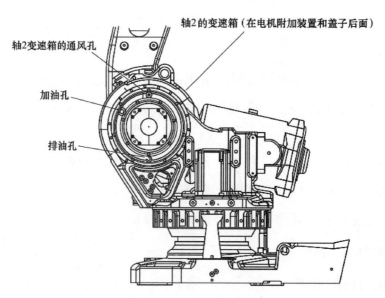

图 4-1-2　电机附加装置（后期设计）的位置

轴 2 变速箱油位的检测方法与步骤如下。

（1）卸下加油孔的油塞。

（2）从加油孔处测量油位，根据电机附加装置判断油位，早期设计的电机附加装置的必要油位为(65±5)mm，后期设计的电机附加装置的必要油位距离加油孔不超过 10mm。

（3）若有必要，则加油。

（4）装上加油孔的油塞（上紧油塞，扭矩为 24N·m）。

3．轴 3 变速箱油位的检测

轴 3 的变速箱位于上臂的旋转中心，如图 4-1-3 所示。

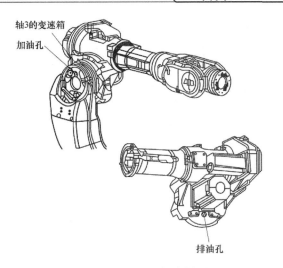

图 4-1-3　轴 3 的变速箱位置

轴 3 变速箱油位的检测方法与步骤如下。

（1）将机械手运行到标准位置。

（2）卸下加油孔的油塞。

（3）从加油孔处测量油位，根据电机附加装置判断油位，早期设计的电机附加装置的必要油位为(65±5)mm，后期设计的电机附加装置的必要油位距离加油孔不超过 10mm。

（4）若有必要，则加油。

（5）装上加油孔的油塞（上紧油塞，扭矩为 24N·m）。

4．轴 4 变速箱油位的检测

轴 4 的变速箱位于上臂的最后方，如图 4-1-4 所示。轴 4 变速箱油位的检测方法与步骤如下。

（1）将机械手运行到标准位置。

（2）卸下加油孔的油塞。

（3）最低油位距离加油孔不超过 10mm。

（4）若缺油，则加油。

（5）装上加油孔的油塞（上紧油塞，扭矩为 24N·m）。

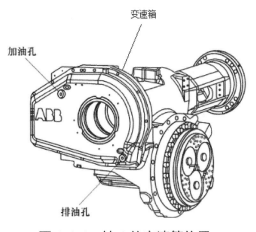

图 4-1-4　轴 4 的变速箱位置

5．轴5变速箱油位的检测

轴5的变速箱位于腕关节单元，如图4-1-5所示。轴5变速箱油位的检测方法与步骤如下。

（1）转动腕关节单元，使所有的油塞向上。

（2）卸下加油孔的油塞。

（3）测量油位，最低油位距离加油孔不超过30mm。

（4）若缺油，则加油。

（5）装上加油孔的油塞（上紧油塞，扭矩为24N·m）。

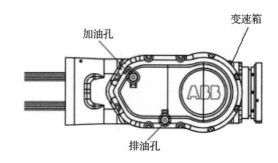

图 4-1-5　轴 5 的变速箱位置

6．轴6变速箱油位的检测

轴6的变速箱位于腕关节单元的中心，如图4-1-6所示。轴6变速箱油位的检测方法与步骤如下。

（1）确定进油孔油塞向上。

（2）卸下加油孔的油塞。

（3）测量油位，正确油位距离加油孔(55 ± 5)mm。

（4）若缺油，则加油。

（5）装上加油孔的油塞（上紧油塞，扭矩为24N·m）。

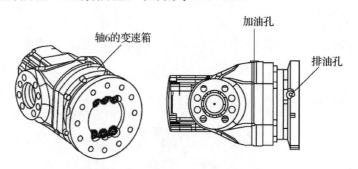

图 4-1-6　轴 6 的变速箱位置

三、平衡装置的检查

平衡装置在机械手的后上方，如图4-1-7所示。如果发现平衡装置损坏，则应根据平衡装置的型号采取不同的措施。例如，3HAC 14678-1 和 3HAC 16189-1 平衡装置需要维修，而 3HAC 12604-1 平衡装置则需要升级。

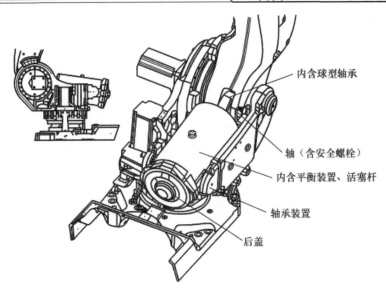

　　内含球型轴承

　　轴（含安全螺栓）

　　内含平衡装置、活塞杆

　　轴承装置

　　后盖

图 4-1-7　平衡装置

检查平衡装置的方法与步骤如下。

（1）检查轴承、齿轮和轴是否协调，确定安全螺栓在正确位置且没有损坏（M16×180，力矩为 50N·m）。

（2）检查汽缸是否协调，如果里面的弹簧发出异响，那么需要更换平衡装置（注意是维修还是升级）。

（3）检查活塞杆，如果听见啸叫声，那么表明轴承有问题，如里面进了杂质或轴承润滑不够（注意是维修还是升级）。

（4）检查活塞杆是否有刮擦声、是否用旧或表面不平坦。

如果发现以上问题，则按照维修或升级包上的说明书进行维修或升级。在进行工业机器人平衡装置的检查时，应注意以下几点。

（1）工业机器人运行结束后，电机和齿轮温度都很高，注意防止烫伤。

（2）关掉所有电源、液压源和气压源。

（3）当移动一个部位时，采取一些必要的措施以确保机械手不会倒下来。例如，当拆除轴 2 的电机时，要固定低处的手臂。

（4）在指定的环境中处理平衡装置。

四、动力电缆保护壳的检查

1．工业机器人轴 1～轴 4 的电缆保护壳的检查

工业机器人轴 1～轴 4 的动力电缆分布如图 4-1-8 所示。工业机器人轴 1～轴 4 的电缆保护壳的检查方法与步骤如下。

（1）全面目测，看电缆保护壳是否有损坏。

（2）检查电缆连接插头。

（3）检查电缆夹、带衬盘是否松动，电缆是否用带子捆住且没有损坏。下臂进口处的少许

磨损属正常现象。

（4）如果有损坏，则应更换。

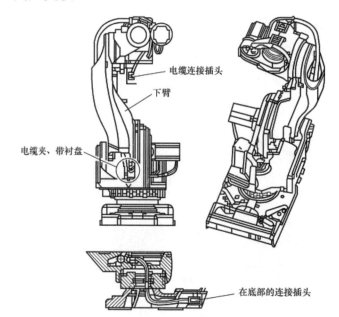

图 4-1-8　工业机器人轴 1～轴 4 的动力电缆分布

2.工业机器人轴 5、轴 6 的电缆保护壳的检查

工业机器人轴 5、轴 6 的电缆保护壳的位置如图 4-1-9 所示。工业机器人轴 5、轴 6 的电缆保护壳的检查方法与步骤如下。

（1）进行全面目测，看电缆保护壳是否有损坏。

（2）检查电缆夹和电缆连接插头，确定电缆夹没有被压弯。

（3）若有损坏，则更换。

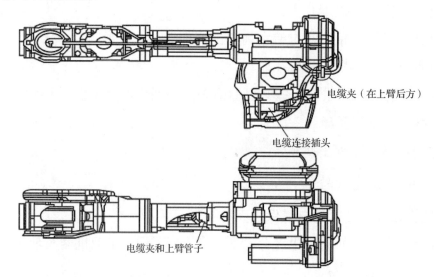

图 4-1-9　工业机器人轴 5、轴 6 的电缆保护壳的位置

五、信息标识的位置

工业机器人信息标识的位置如图 4-1-10 所示，工业机器人信息标识名称如表 4-1-4 所示。

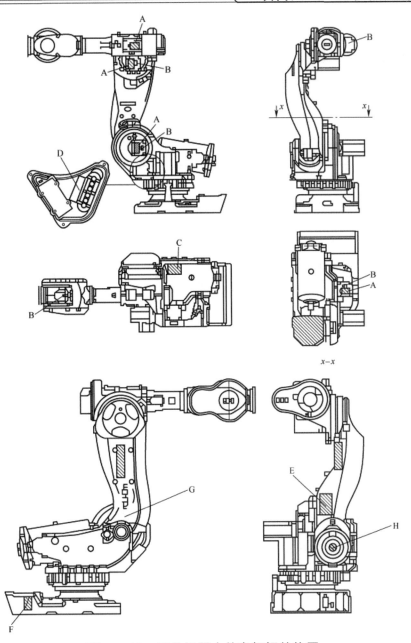

图 4-1-10　工业机器人信息标识的位置

表 4-1-4　工业机器人信息标识名称

序号	名称	序号	名称
A	警示标识"高温"，3HAC4431-1	E	"吊装机器人"的标识，3HAC16420-1
B	闪烁指示灯，3HAC1589-1	F	警示标识"机器人可能前倾"，3HAC9191-1
C	安全说明牌，3HAC4591-1	G	铸造号
D	警示标识"刹车松开"，3HAC15334-1	H	警示标识"蓄能"，3HAC9526-1

任务准备

一、外围设备、工具的准备

为完成工作任务，每个小组需要向工作站内的仓库工作人员提供借用工具、设备清单，如表 4-1-5 所示。

表 4-1-5 借用工具、设备清单

容量	名称	数量	借出时间	学生签名	归还时间	学生签名	管理员签名
1							
2							
3							
4							
5							
6							
7							

二、团队分配方案

还等什么？赶快制订工作计划并实施。

任务实施

一、为了更好地完成任务，你可能需要回答以下问题

1. 为什么要进行工业机器人的维护与保养？

2. 简述对工业机器人各部分进行维护的周期。

二、工作任务实施

1. 工业机器人轴的机械停止检修

（1）轴 1 的机械停止检修。

轴 1 的机械停止（定位销）位置在底座处，如图 4-1-11 所示。

检修轴 1 的机械停止的方法和步骤如下。

① 关掉所有的电源、液压源和气压源。

② 工业机器人运行结束后，电机和齿轮温度都很高，检修时注意防止烫伤。

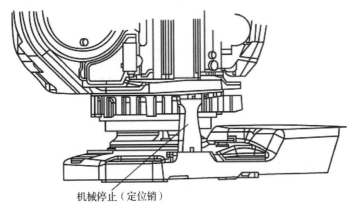

图 4-1-11　轴 1 的机械停止（定位销）位置

③ 当移动一个部位时，采取一些必要的措施以确保机械手不会倒下来。

④ 按照图 4-1-11 所示的位置检查轴 1 的机械停止。

⑤ 确定机械停止可以向任何方向翕动。

⑥ 若定位销弯曲或损坏，则更换。

在检修轴 1 的机械停止的过程中遇到了哪些问题？是如何解决的？请记录在表 4-1-6 中。

表 4-1-6　轴 1 的机械停止检修操作练习情况记录

遇到的问题	解决方法

（2）轴 1～轴 3 的机械停止检修。

轴 1～轴 3 的一些机械停止的位置如图 4-1-12 所示。检修轴 1～轴 3 的一些机械停止的方法和步骤如下。

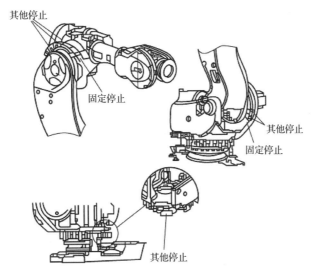

图 4-1-12　轴 1～轴 3 的一些机械停止的位置

（1）关掉所有的电源、液压源和气压源。

（2）工业机器人运行结束后，电机和齿轮温度都很高，检修时注意防止烫伤。

（3）当移动一个部位时，采取一些必要的措施以确保机械手不会倒下来。

（4）按照图 4-1-12 所示的位置检查轴 1～轴 3 的机械停止。

（5）确认这些停止装置安装正确。

（6）若停止装置损坏，则必须更换。更换时所使用的螺栓为带润滑油 MOLYCOTE 1000 的螺栓，其中，轴 1 采用 M16×35，轴 2 采用 M16×50，轴 3 采用 M16×60。

在检修轴 1～轴 3 的机械停止的过程中遇到了哪些问题？是如何解决的？请记录在表 4-1-7 中。

表 4-1-7　轴 1～轴 3 的机械停止检修操作练习情况记录

遇到的问题	解决方法

2．轴 2～轴 5 的抑制装置（刹车片）

轴 2～轴 5 的抑制装置（刹车片）的位置如图 4-1-13 所示。检修轴 2～轴 5 的抑制装置的方法和步骤如下。

（1）关掉所有的电源、液压源和气压源。

（2）工业机器人运行结束后，电机和齿轮温度都很高，检修时注意防止烫伤。

（3）当移动一个部位时，采取一些必要的措施以确保机械手不会倒下来。

（4）按照图 4-1-13 所示的位置检查所有的抑制装置是否损坏、是否有裂纹、是否有超过 1mm 的压痕。在检修轴 4 的抑制装置时，应先移开上臂顶部的两个盖子。

（5）检查锁紧螺栓是否变形。

（6）若抑制装置损坏，则更换。

在检修轴 2～轴 5 的抑制装置的过程中遇到了哪些问题？是如何解决的？请记录在表 4-1-8 中。

表 4-1-8　轴 2～轴 5 的抑制装置检修操作练习情况记录

遇到的问题	解决方法

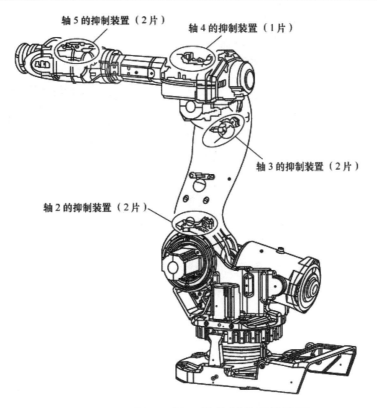

图 4-1-13 轴 2～轴 5 的抑制装置的位置

3．轴 1～轴 3 的限位开关的检修

轴 1 的限位开关的位置如图 4-1-14 所示，轴 2 的限位开关的位置如图 4-1-15 所示，轴 3 的限位开关的位置如图 4-1-16 所示。

检修轴 1～轴 3 的限位开关的方法和步骤如下。

（1）关掉所有的电源、液压源和气压源。

（2）工业机器人运行结束后，电机和齿轮温度都很高，检修时注意防止烫伤。

（3）当移动一个部位时，采取一些必要的措施以确保机械手不会倒下来。

（4）按照图 4-1-14～图 4-1-16 所示的位置分别检查轴 1～轴 3 的限位开关的滚筒是否可以轻松转动，以及转动是否自如。

（5）检查外圈螺栓是否牢固地锁紧。

（6）检查凸轮，具体如下。

① 检查滚筒是否在凸轮上留下压痕。

② 检查凸轮是否清洁，若有杂质，则应擦去。

③ 检查凸轮的定位螺栓是否松动或移动。

（7）检查轴 1 的保护片，具体如下。

① 检查 3 片保护片是否都没有松动，并且没有损坏、变形。

② 检查保护片里面的区域是否足够清洁，以免影响限位开关的功能。

（8）如果发现限位开关有任何损坏，那么应立即更换。

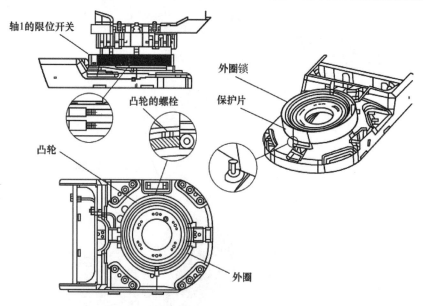

图 4-1-14　轴 1 的限位开关的位置

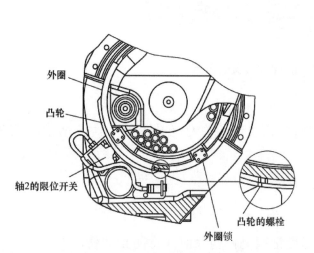

图 4-1-15　轴 2 的限位开关的位置

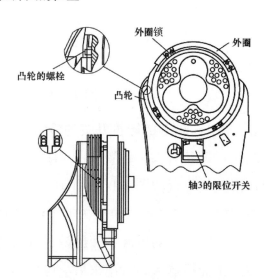

图 4-1-16　轴 3 的限位开关的位置

在检修轴 1～轴 3 的限位开关的过程中遇到了哪些问题？是如何解决的？请记录在表 4-1-9 中。

表 4-1-9　轴 1、轴 2 和轴 3 的限位开关检修过程操作练习情况记录

遇到的问题	解决方法

4．UL 信号灯的检修

UL 信号灯的位置如图 4-1-17 所示。由于轴 4～轴 6 的安装不一样，因此 UL 信号灯会有几种不同的位置，具体位置参照安装图。由于电机的盖子有两种类型（平的和拱的），因此 UL

信号灯也有两种类型。

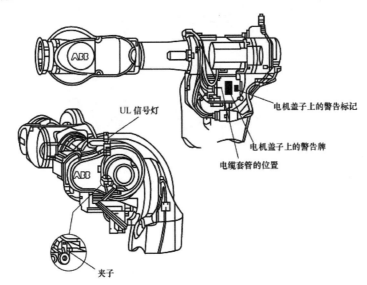

图 4-1-17　UL 信号灯的位置

UL 信号灯的检修方法和步骤如下。

（1）关掉所有的电源、液压源和气压源。

（2）检查电机运行（Motors On）时 UL 信号灯是否亮着。

（3）如果 UL 信号灯没有亮，就进行以下几项检查。

① 检查 UL 信号灯是否坏了，若坏了，则更换。

② 检查电缆和 UL 信号灯的插头。

③ 测量轴 3 的电机控制电压是否为 24V。

④ 检查电缆，如果电缆损坏，则更换。

在检修 UL 信号灯的过程中遇到了哪些问题？是如何解决的？请记录在表 4-1-10 中。

表 4-1-10　UL 信号灯的检修过程操作练习情况记录

遇到的问题	解决方法

5．变速箱齿轮油的更换

（1）更换轴 1 变速箱齿轮油。

更换轴 1 变速箱齿轮油的方法和步骤如下。

① 松开螺栓，移开基座上的后盖。

② 将基座后的排油管拉出来，如图 4-1-18 所示。

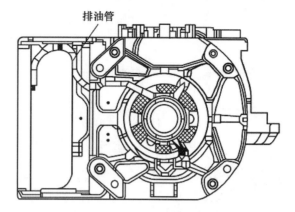

排油管

图 4-1-18　排油管的位置

③ 将油罐放到排油管末端，准备接油。

④ 卸下加油孔的油塞，这样可加速排油。

⑤ 打开排油管末端，将油排出。排油时间取决于油温。

⑥ 排油完毕应关闭排油管末端，并将其放回原处。

⑦ 盖上后盖，拧紧螺栓。

⑧ 通过加油孔加油，一般根据前面规定的正确油位和排出的油确定加油量。

⑨ 装上加油孔的油塞。

在更换轴 1 变速箱齿轮油的过程中遇到了哪些问题？是如何解决的？请记录在表 4-1-11 中。

表 4-1-11　轴 1 变速箱齿轮油更换过程操作练习情况记录

遇到的问题	解决方法

【操作提示】

① 关掉所有的电源、液压源和气压源。

② 工业机器人运行结束后，电机和齿轮温度都很高，加油时注意防止烫伤。

③ 当移动一个部位时，采取一些必要的措施以确保机械手不会倒下来。例如，当拆除轴 2 的电机时，要固定低处的手臂。

④ 换油之前，先让工业机器人运行一会儿，这样热的油更容易排出来。

⑤ 加油时，不要混合任何其他的油，除非特别说明。

⑥ 当给变速箱加油时，不要加得过多，因为这样会导致压力过高和损坏密封圈或垫圈；也不要将密封圈或垫圈完全压紧，以免影响工业机器人的自由移动。

⑦ 因为变速箱的油温非常高，在 90℃左右，所以在更换或排放齿轮油时，必须戴上防护眼

镜和手套。

⑧ 变速箱温度过高会导致其内压力升高，在卸下油塞时，里面的油可能会喷射出来。

（2）更换轴 2 变速箱齿轮油。

更换轴 2 变速箱齿轮油的方法和步骤如下。

① 移掉通风孔的盖子。

② 卸下排油孔的油塞，用带头的软管将油排出并用桶接住。排油的时间取决于油温。

③ 拧紧排油孔的油塞。

④ 卸下加油孔的油塞。

⑤ 倒入新的润滑油，油位即前面指定的正确油位。

⑥ 装上加油孔的油塞和通风孔的盖子。

在更换轴 2 变速箱齿轮油的过程中遇到了哪些问题？是如何解决的？请记录在表 4-1-12 中。

表 4-1-12　轴 2 变速箱齿轮油更换过程操作练习情况记录

遇到的问题	解决方法

（3）更换轴 3 变速箱齿轮油。

更换轴 3 变速箱齿轮油的方法和步骤如下。

① 卸下排油孔的油塞，用带头的软管将油排出并用桶接住，为了排油快，可以打开加油孔的油塞。排油的时间取决于油温。

② 装上排油孔的油塞。

③ 卸下加油孔的油塞。

④ 倒入新的润滑油，油位即前面指定的正确油位。

⑤ 装上加油孔的油塞。

在更换轴 3 变速箱齿轮油的过程中遇到了哪些问题？是如何解决的？请记录在表 4-1-13 中。

表 4-1-13　轴 3 变速箱齿轮油更换过程操作练习情况记录

遇到的问题	解决方法

（4）更换轴4变速箱齿轮油。

更换轴4变速箱齿轮油的方法和步骤如下。

① 将上臂从标准位置逆时针旋转45°。

② 卸下排油孔、加油孔的油塞。

③ 将变速箱的油排出。

④ 将上臂运行回原始位置。

⑤ 装上排油孔的油塞。

⑥ 重新通过加油孔倒入新油，油位即前面指定的正确油位。

⑦ 装上加油孔的油塞。

在更换轴4变速箱齿轮油的过程中遇到了哪些问题？是如何解决的？请记录在表4-1-14中。

表4-1-14 轴4变速箱齿轮油更换过程操作练习情况记录

遇到的问题	解决方法

（5）更换轴5变速箱齿轮油。

更换轴5变速箱齿轮油的方法和步骤如下。

① 运行轴5到一个合适的位置，使排油孔向下。

② 卸下排油孔、加油孔的油塞。

③ 将变速箱的油排出。

④ 装上排油孔的油塞。

⑤ 运行轴5至标准位置。

⑥ 重新通过加油孔倒入新油，油位即前面指定的正确油位。

⑦ 装上加油孔的油塞。

在更换轴5变速箱齿轮油的过程中遇到了哪些问题？是如何解决的？请记录在表4-1-15中。

表4-1-15 轴5变速箱齿轮油更换过程操作练习情况记录

遇到的问题	解决方法

（6）更换轴 6 变速箱齿轮油。

更换轴 6 变速箱齿轮油的方法和步骤如下。

① 运行机器人，使轴 6 的排油孔向下，油孔位置如图 4-1-6 所示。

② 卸下排油孔的油塞，将油排出。

③ 装上排油孔的油塞。

④ 重新通过加油孔倒入新油，油位即前面指定的正确油位。

⑤ 装上加油孔的油塞。

在更换轴 6 变速箱齿轮油的过程中遇到了哪些问题？是如何解决的？请记录在表 4-1-16 中。

表 4-1-16　轴 6 变速箱齿轮油更换过程操作练习情况记录

遇到的问题	解决方法

完成后，请仔细检查，客观评价，及时反馈。

 **任务评价**

一、成果展示

各小组派代表上台总结在完成任务的过程中学会了哪些技能，发现错误后如何改正，并在教师的监护下进行示范操作。

二、学生自我评估与总结

_____

_____。

三、小组评估与总结

_____

_____。

四、教师评估与总结

_____

_____。

五、各小组对工作岗位的"6S"处理

各小组成员都完成工作任务总结后，必须对自己的工作岗位进行"6S"处理，并归还所借

的工具和实习工件。

六、评价表

工业机器人本体的维护与保养评价表如表 4-1-17 所示。

表 4-1-17　工业机器人本体的维护与保养评价表

班级：＿＿＿＿＿＿ 小组：＿＿＿＿＿＿ 姓名：＿＿＿＿＿＿			指导教师：＿＿＿＿＿＿ 日期：＿＿＿＿＿＿				
评价项目	评价标准	评价依据	评价方式			权重	得分小计
			学生自评（20%）	小组互评（30%）	教师评价（50%）		
职业素养	1. 遵守企业规章制度、劳动纪律 2. 按时按质完成工作任务 3. 积极主动承担工作任务，勤学好问 4. 人身安全与设备安全 5. 工作岗位"6S"完成情况	1. 出勤 2. 工作态度 3. 劳动纪律 4. 团队协作精神				0.3	
专业能力	1. 正确检查工业机器人本体的各部件 2. 进行工业机器人轴的机械停止的检修 3. 进行工业机器人轴的限位开关的检修 4. 进行 UL 信号灯的检修 5. 进行变速箱齿轮油的更换	1. 操作的准确性和规范性 2. 工作页或项目技术总结的完成情况 3. 专业技能任务的完成情况				0.5	
创新能力	1. 在任务完成过程中能提出具有一定见解的方案 2. 在教学或生产管理上提出建议，具有创新性	1. 方案的可行性和意义 2. 建议的可行性				0.2	
合计							

巩固与提高

1. 工业机器人本体的检查主要包括哪几方面的内容？

2. 工业机器人连接电缆的检查主要包括哪几方面的内容？

任务 2　工业机器人控制系统的维护与保养

学习目标

◇ 知识目标：

1. 掌握工业机器人的系统安全和工作环境安全管理。

2. 掌握工业机器人的主机和控制柜主要部件的备件管理。

3. 熟悉工业机器人控制柜的检查项目。

4. 掌握工业机器人控制柜内的清洁方法。

5. 掌握工业机器人控制装置和示教器的检查方法。

❖ 能力目标：

1. 进行工业机器人控制柜状态的检查。

2. 进行工业机器人控制柜内的清洁。

3. 进行空气过滤器的清洁。

通过学习，掌握对工业机器人控制系统进行定期维护与保养的内容和方法，同时完成对工业机器人控制柜的检查，并进行工业机器人控制柜和空气过滤器的清洁。

一、工业机器人的系统安全和工作环境安全管理

在设计和布置工业机器人系统时，为使操作人员、编程人员和维修人员得到恰当的安全防护，应按照工业机器人制造厂商的规范操作。为确保工业机器人及其系统与预期的运行状态一致，应评价分析所有的环境条件，包括爆炸性混合物、腐蚀情况、湿度、污染、温度、电磁干扰（EMI）、射频干扰（RFI）和振动等是否符合要求，否则应采取相应的措施。

1. 工业机器人系统的布局

控制装置的机柜宜安装在安全防护空间外，以使操作人员在安全防护空间外操作、启动工业机器人并完成工作任务，而且在此位置上，操作人员具有开阔的视野，能观察到工业机器人的运行情况，以及是否有其他人员处于安全防护空间内。若控制装置被安装在安全防护空间内，则其位置和固定方式应能满足在安全防护空间内各类操作人员的安全性要求。

2. 工业机器人系统的安全管理

（1）在布置工业机器人系统时，应避免工业机器人运动部件和与作业无关的周围固定物体，以及工业机器人（如建筑结构件、公用设施等）之间的挤压与碰撞，并保持足够的安全间距，一般最少为0.5m。那些与工业机器人完成作业任务相关的工业机器人和装置（如物料传送装置、工作台、相关工具台/机床等）不受约束。

（2）当要求由工业机器人系统布局来限定工业机器人各轴的运动范围时，应按要求设计限定装置，并在使用时进行器件位置的正确调整和可靠固定。

在设计末端执行器时，应使其动力源（电气、液压、气动、真空等）在发生变化或动力消失时，负载不会松脱落下或发生危险（如飞出）；工业机器人在运动时，由负载和末端执行器生成的静力、动力和力矩应不超过工业机器人的负载能力。工业机器人系统的布局应考虑操作人员在进行手动作业时（如零件的上、下料）的安全防护，可通过传送装置、移动工作台、旋转工作台、滑道推杆、气动和液压传送机构等过渡装置来实现，使手动上下料的操作人员置身于安全防护空间外，但这些自动移出或送进的装置不应产生新的危险。

（3）工业机器人系统的安全防护可采用一种或多种安全防护装置，如固定式或联锁式防护装置，包括双手控制装置、智能装置、握持-运行装置、自动停机装置、限位装置等；又如现场传感安全防护装置（PSSD），包括安全光幕或光屏、安全垫系统、区域扫描安全系统、单路或多路光束等。机器人系统安全防护装置的作用如下。

① 防止各操作阶段中与该操作无关的人员进入危险区域。

② 中断危险源。

③ 防止非预期操作。

④ 容纳或接收在工业机器人系统作业过程中可能掉落或飞出的物件。

⑤ 控制工业机器人系统作业过程中产生的其他危险（如抑制噪声、遮挡激光或弧光、屏蔽辐射等）。

3．工业机器人工作环境的安全管理

安全防护装置是安全装置和防护装置的统称。安全装置是消除或减小风险的单一装置或与防护装置联用的装置（不是防护装置），如联锁装置、使能装置、握持-运行装置、自动停机装置、限位装置等。防护装置是通过物体障碍方式专门用于提供防护的机器部分。根据防护装置的结构，防护装置可以是壳、罩、屏、门等封闭式防护装置。工业机器人安全防护装置有固定式防护装置、活动式防护装置、可调式防护装置、联锁式防护装置、带防护锁的联锁式防护装置和可控防护装置，如图4-2-1所示。

图 4-2-1　工业机器人安全防护装置

为了减少已知的危险和保护各类工作人员的安全，在设计工业机器人系统时，应根据工业机器人系统的作业任务，以及各阶段操作过程的需要和风险评价的结果选择合适的安全防护装置。所选的安全防护装置应按照制造厂商的说明进行安装和使用。

（1）固定式防护装置。

① 通过紧固件（如螺钉、螺栓、螺母等）或焊接方式将防护装置永久地固定在所需的地方。

② 固定式防护装置的结构能经受预定的操作力和环境产生的作用力，即应考虑结构的强度与刚度。

③ 固定式防护装置的构造应不增加任何附加危险（如尽量减少锐边、尖角、凸起等）。

④ 不使用工具就不能移开固定部件。

⑤ 隔板或栅栏底部距离走道地面不大于 0.3m，其高度不低于 1.5m。

【提示】

> 在物料搬运机器人系统周围安装的隔板或栅栏应有足够的高度，以防任何物件由于末端夹持器松脱而飞出隔板或栅栏。

（2）联锁式防护装置。

① 在工业机器人系统中采用联锁式防护装置时，应考虑以下原则。

A．在防护装置关闭前，联锁能防止工业机器人系统自动操作，但防护装置的关闭应不能使工业机器人进入自动操作模式，而启动工业机器人进入自动操作模式应在控制面板上谨慎地进行。

B．在伤害的风险消除前，具有防护锁定功能的联锁式防护装置应处于关闭和锁定状态；当工业机器人系统工作时，若防护装置被打开，则应给出停止或急停指令。当联锁式防护装置起作用时，若不产生其他危险，则应能从停止位置重新启动工业机器人。

C．中断动力源可消除进入安全防护空间之前的危险，但动力源中断不能立即消除危险，因此，联锁系统中应含有防护装置的锁定或制动系统。

D．在进入安全防护空间的联锁门时，应考虑设有防止无意关闭联锁门的结构或装置（如采用两组以上触点和具有磁性编码的磁性开关等），还应确保安装的联锁保护装置的动作在避免一种危险（如停止了机器人的危险运动）的同时不会引起另一种危险的发生（如使危险物质进入工作区）。

② 在设计联锁系统时，应考虑安全失效的情况，即当某个联锁器件发生不可预见的失效时，安全功能应不受影响。若安全功能受影响，则工业机器人系统仍应保持为安全状态。

③ 在工业机器人系统的安全防护中经常使用现场传感装置，其在设计时应遵循以下原则。

A．现场传感装置的设计和布局应使其在未起作用前，操作人员不能进入且身体各部位不能伸到限定空间内。为防止操作人员从现场传感装置旁边绕过进入危险区，要求将现场传感装置与隔板或栅栏一起使用。

B．在设计和选择现场传感装置时，应考虑现场传感装置不受系统所处的任何环境条件（如湿度、温度、噪声、光照等）的影响。

（3）安全防护空间。

安全防护空间是由工业机器人外围的安全防护装置（如栅栏等）组成的空间。确定安全防护空间的大小指通过风险评价来确定超出工业机器人限定空间而需要增加的空间，一般应考虑当工业机器人在作业过程中，所有操作人员身体的各处不能接触工业机器人运动部件和末端执行器或工件的运动范围。

（4）动力断开。

① 提供工业机器人系统和外围工业机器人的动力源应满足制造厂商的规范及本地区或国家的电气构成规范要求，并按提出的要求进行接地。

② 在设计工业机器人系统时，应考虑维护和修理的需要，必须具备与动力源断开的技术措施。动力断开必须做到既可见（如运行明显中断），又能通过检查断开装置操作器的位置而确认，而且能将切断装置锁定在断开位置。切断电器电源的措施应按相应的电气安全标准进行。工业机器人系统或其他相关工业机器人在动力断开时应不发生危险。

（5）急停。

工业机器人系统的急停电路应超越其他所有控制，使所有运动停止，并从工业机器人驱动器上和可能引起危险的其他能源（如外围机器人中的喷漆系统、焊接电源、运动系统、加热器等）上撤出驱动动力。

① 每台工业机器人的操作站和其他控制运动的场合都应设有易于迅速接近的急停装置。

② 工业机器人系统的急停装置应和工业机器人的控制装置一样，其按钮开关应是掌揿式或蘑菇头式的衬底为黄色的红色按钮，且要求人工复位。

③ 在安全防护空间外重新启动工业机器人系统运行，并按规定的启动步骤进行。

④ 若工业机器人系统中安装有两台工业机器人，且两台工业机器人的限定空间具有相互交叉的部分，则公用的急停电路应能停止系统中两台工业机器人的运动。

（6）远程控制。

当工业机器人控制系统需要具有远程控制功能时，应采取有效措施防止由其他场所启动工业机器人运动产生的危险。

具有远程控制功能（如通过通信网络）的工业机器人系统应设置一种装置（如键控开关），以确保在进行本地控制时，任何远程命令均不能引发危险。

① 当现场传感装置已起作用时，只要不产生其他危险，就可将工业机器人系统从停止状态重新启动为运行状态。

② 在恢复工业机器人运动时，应撤除传感区域的阻断，此时不应使工业机器人系统重新启动自动操作模式。

③ 远程控制应具有指示现场传感装置正在运动的指示灯，其安装位置应易于观察，可以集成在现场传感装置中，也可以是工业机器人控制接口的一部分。

（7）警示方式。

在工业机器人系统中，为了使人们注意潜在危险，应采取警示措施。警示措施包括栅栏或信号器件。它们是用于识别通过上述安全防护装置而没有被阻止的残留风险使用的，但警示措施不应是上述安全防护装置的替代品。

① 警示栅栏用来防止人员意外进入工业机器人限定空间。

② 警示信号是用来给接近或处于危险中的人员提供可识别的视听信号使用的。在安全防护空间内采用可见的光信号来警告危险时，应有足够多的器件，以便人们在接近安全防护空间时能看到光信号。

③ 音响报警装置应具有比环境噪声分贝级别更高的、独特的警示声音。

（8）安全生产规程。

安全生产规程应考虑工业机器人系统寿命中的某些阶段（如调试阶段、生产过程转换阶段、清理阶段、维护阶段），要想设计出完全适用的安全防护装置来防止各种危险是不可能的，且那些安全防护装置也可以被暂停。在这种状态下，应该采用相应的安全生产规程。

（9）安全防护装置的复位。

在重建联锁门或现场传感装置时，其本身应不能重新启动工业机器人的自动操作模式，而应要求在安全防护空间内通过仔细地动作来重新启动工业机器人系统。重新启动安全防护装置的安装位置应在安全防护空间内的人员不能够到但且能观察到安全防护空间的地方。

二、工业机器人的主机和控制柜主要部件的备件管理

1. 工业机器人主机的管理

工业机器人主机位于工业机器人控制柜内，是出故障较多的部分。常见的工业机器人主机故障有串口、并口、网卡接口失灵、进不了系统、屏幕无显示等。工业机器人主板是主机的关键部件，起着至关重要的作用，它的集成度越高，维修工业机器人主板的难度也就越大，需要专业的维修技术人员借助专门的数字检测设备才能完成。工业机器人主机主板集成的组件和电路多而复杂，因此容易引起故障，但也不乏人为造成的故障。

（1）人为因素。

热插拔硬件非常危险，许多主板故障都是热插拔引起的。带电插拔装板卡和插头时，用力不当容易造成对接口、芯片等的损害，导致主板损坏。

（2）内因。

随着使用工业机器人时间的增长，主板上的元器件会自然老化，导致主板故障。

（3）环境因素。

由于操作人员保养不当，工业机器人主机主板上布满了灰尘，造成信号短路。此外，静电也常造成主板上芯片（特别是 CMOS 芯片）被击穿，从而引起主板故障。因此，应特别注意工业机器人主机的通风、防尘，减少因环境因素引起的主板故障。

2．工业机器人控制柜的管理

（1）控制柜的保养计划表。

工业机器人的控制柜必须有计划地经常保养，以便维持其正常工作。表 4-2-1 所示为控制柜保养计划表。

表 4-2-1　控制柜保养计划表

保养内容	设备	周期	说明
检查	控制柜	6 个月	月份表示实际的日历时间
清洁	控制柜	12 个月	
清洁	空气过滤器	12 个月	
更换	空气过滤器	4000 小时/24 个月	小时表示运行时间，月份表示实际的日历时间
更换	电池	12000 小时/36 个月	
更换	风扇	60 个月	月份表示实际的日历时间

（2）检查控制柜。

控制柜的检查方法与步骤如表 4-2-2 所示。

表 4-2-2　控制柜的检查方法与步骤

步骤	检查方法
1	检查并确定控制柜里面无杂质，若发现杂质，则清除并检查控制柜的衬垫和密封层
2	检查控制柜的密封结合处和电缆密封管的密封性，确保灰尘和杂质不会从这些地方被吸入控制柜
3	检查插头与电缆连接的地方是否松动和电缆是否破损
4	检查空气过滤器是否干净
5	检查风扇是否正常工作

在维修控制柜或连接到控制柜上的其他单元前，应注意以下两点。

① 断掉控制柜的所有供电电源。

② 控制柜或连接到控制柜的其他单元内部的很多元件都对静电很敏感，若受到静电影响，则有可能损坏，因此在操作时，一定要有一个接地的静电防护装置，如特殊的静电手套等。有的模块或元件装了静电保护扣，用来连接保护手套，请使用它。

（3）清洁控制柜。

清洁控制柜所需设备有一般清洁器具和真空吸尘器，可以用软刷蘸酒精清洁外部柜体，再用真空吸尘器进行内部清洁。控制柜内部的清洁方法与步骤如表 4-2-3 所示。

表 4-2-3　控制柜内部的清洁方法与步骤

步骤	清洁方法	说明
1	用真空吸尘器清洁控制柜内部	—
2	如果控制柜里面装有热交换装置，那么需要保持其清洁。这些装置通常装在供电电源后面、计算机模块后面、驱动单元后面	如果有需要，则可以先移开热交换装置，再清洁控制柜

清洁控制柜的注意事项如下。

① 尽量使用前面介绍的工具清洗，否则容易造成一些问题。

② 清洁前检查保护盖或其他保护层是否完好。

③ 千万不要使用指定外的清洁用品，如压缩空气和溶剂等。

④ 千万不要使用高压清洁器喷射。

三、控制装置和示教器的检查

工业机器人控制装置和示教器的检查如表 4-2-4 所示。

表 4-2-4　工业机器人控制装置和示教器的检查

序号	检查内容	检查事项	方法和对策
1	外观	1. 工业机器人本体和控制装置是否干净 2. 电缆外观有无损伤 3. 通风孔是否堵塞	1. 清扫工业机器人本体和控制装置 2. 目测电缆外观有无损伤，若有外伤，则应紧急处理，损坏严重时应进行更换 3. 目测通风孔是否堵塞并进行处理
2	复位急停按钮	1. 面板复位急停按钮是否正常 2. 示教器复位急停按钮是否正常 3. 外部控制复位急停按钮是否正常	开机后用手按动面板复位急停按钮，确认有无异常，损坏时进行更换
3	电源指示灯	1. 面板、示教器、外部机器、工业机器人本体的指示灯是否正常 2. 其他指示灯是否正常	目测各指示灯有无异常
4	冷却风扇	运转是否正常	打开控制电源，目测所有风扇运转是否正常，若不正常，则予以更换
5	伺服驱动器	伺服驱动器是否洁净	清洁伺服驱动器
6	底座螺栓	检查有无缺少、松动	用扳手拧紧、补缺
7	盖类螺栓	检查有无缺少、松动	用扳手拧紧、补缺
8	放大器输入/输出电缆安装螺钉	1. 放大器输入/输出电缆是否连接 2. 安装螺钉是否紧固	连接放大器输入/输出电缆，并紧固安装螺钉
9	编码器电池	工业机器人本体内的编码器挡板上的蓄电池电压是否正常	电池没电、工业机器人遥控盒显示编码器复位时，按照工业机器人维修手册上的方法进行更换（所有机型每两年更换一次）
10	I/O 模块的端子导线	I/O 模块的端子导线是否连接	连接 I/O 模块的端子导线，并紧固螺钉
11	伺服放大器的输入/输出电压（AC、DC）	打开伺服电源，参照各机型维修手册，测量伺服放大器的输入/输出电压（AC、DC）是否正常，判断基准在±15%范围内	建议由专业人员指导
12	开关电源的输入/输出电压	打开伺服电源，参照各机型维修手册，测量 DC 电源的输入/输出电压。输入端为单相 AC 220V，输出端为 DC 24V	建议由专业人员指导
13	电机抱闸线圈打开时的电压	电机抱闸线圈打开时的电压判定，基准为 DC 24V	建议由专业人员指导

任务准备

一、外围设备、工具的准备

为完成工作任务，每个小组需要向工作站内仓库工作人员提供借用工具、设备清单，如表 4-2-5 所示。

表 4-2-5　借用工具、设备清单

容量	名称	数量	借出时间	学生签名	归还时间	学生签名	管理员签名
1							
2							
3							
4							
5							
6							
7							

二、团队分配方案

还等什么？赶快制订工作计划并实施。

任务实施

一、为了更好地完成任务，你可能需要回答以下问题

1. 工业机器人的安全管理包括＿＿＿＿和＿＿＿＿。

2. 为使操作人员安全地进行操作，并且能观察到工业机器人的运行情况，以及是否有其他人员处于安全防护空间内，工业机器人的控制装置应安装在安全防护空间＿＿＿＿。

3. 工业机器人主机主板集成的组件和电路多而复杂，因此容易引起故障，但也不乏＿＿＿＿造成的故障。

4. 清洁控制柜所需设备有一般清洁器具和真空吸尘器，＿＿＿＿可以用软刷蘸酒精清洁外部柜体，＿＿＿＿进行内部清洁。

5. 工业机器人系统安全防护装置的作用是（　　　）。

① 防止各操作阶段中与该操作无关的人员进入危险区域

② 中断危险源

③ 防止非预期操作

④ 容纳或接收工业机器人系统作业过程中可能掉落或飞出的物件

⑤ 控制作业过程中产生的其他危险（如抑制噪声，以及遮挡激光、弧光、屏蔽辐射等）

A. ①②③　　　　B. ①②③④⑤　　C. ③④⑤　　　　D. ①③⑤

6. 清洁控制柜的注意事项有（　　　）。

① 尽量使用专用工具清洗，否则容易造成一些问题

② 清洁前检查保护盖或其他保护层是否完好

③ 清洁前千万不要移开任何盖子或保护装置

④ 千万不要使用指定以外的清洁用品，如压缩空气和溶剂等

⑤ 千万不要用高压清洁器喷射

A．①②③　　　　B．③④⑤　　　　C．①③⑤　　　　D．①②③④⑤

二、工作任务实施

1．工业机器人控制柜的检查

查阅资料，掌握检查工业机器人控制柜的方法和步骤，并完成工业机器人控制柜的检查。

在检查工业机器人控制柜的过程中遇到了哪些问题？是如何解决的？请记录在表 4-2-6 中。

表 4-2-6　检查工业机器人控制柜操作练习情况记录

遇到的问题	解决方法

2．清洁工业机器人控制柜

查阅资料，掌握清洁工业机器人控制柜的方法和步骤，并完成工业机器人控制柜的清洁。

在清洁工业机器人控制柜的过程中遇到了哪些问题？是如何解决的？请记录在表 4-2-7 中。

表 4-2-7　清洁工业机器人控制柜操作练习情况记录

遇到的问题	解决方法

3．清洁空气过滤器

图 4-2-2 所示为空气过滤器在控制柜里的位置。清洁空气过滤器的方法和步骤如下。

（1）断开控制柜的所有电源。

（2）先清洗比较粗糙的一面，再翻转清洗另一面。

（3）清洗 3～4 次。

（4）晾干过滤网。晾干过滤网的方法有两种：一是将过滤网平放在一个平的表面晾干，二是从面对干净空气那面开始用压缩空气吹干。

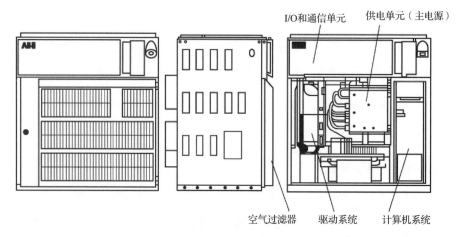

图 4-2-2　空气过滤器在控制柜里的位置

在清洁空气过滤器的过程中遇到了哪些问题？是如何解决的？请记录在表 4-2-8 中。

表 4-2-8　清洁空气过滤器操作练习情况记录

遇到的问题	解决方法

完成后，请仔细检查，客观评价，及时反馈。

任务评价

一、成果展示

各小组派代表上台总结在完成任务的过程中学会了哪些技能，发现错误后如何改正，并在教师的监护下进行示范操作。

二、学生自我评估与总结

_____

_____。

三、小组评估与总结

_____

_____。

四、教师评估与总结

_____

_____ 。

五、各小组对工作岗位的"6S"处理

各小组成员都完成工作任务总结后，必须对自己的工作岗位进行"6S"处理，并归还所借的工具和实习工件。

六、评价表

工业机器人控制系统的维护与保养评价表如表 4-2-9 所示。

表 4-2-9　工业机器人控制系统的维护与保养评价表

班级：_____ 小组：_____ 姓名：_____		指导教师：_____ 日期：_____					
评价项目	评价标准	评价依据	评价方式			权重	得分小计
			学生自评（20%）	小组互评（30%）	教师评价（50%）		
职业素养	1. 遵守企业规章制度、劳动纪律 2. 按时按质完成工作任务 3. 积极主动承担工作任务，勤学好问 4. 人身安全与设备安全 5. 工作岗位"6S"完成情况	1. 出勤 2. 工作态度 3. 劳动纪律 4. 团队协作精神				0.3	
专业能力	1. 明确工业机器人控制系统的维护与保养计划 2. 熟悉工业机器人控制柜的检查项目 3. 掌握工业机器人控制柜的清洁方法 4. 进行工业机器人控制柜的检查 5. 清洁工业机器人控制柜 6. 清洁空气过滤器	1. 操作的准确性和规范性 2. 工作页或项目技术总结的完成情况 3. 专业技能任务的完成情况				0.5	
创新能力	1. 在任务完成过程中能提出具有一定见解的方案 2. 在教学或生产管理上提出建议，具有创新性	1. 方案的可行性和意义 2. 建议的可行性				0.2	
合计							

巩固与提高

1．简述工业机器人控制柜的检查方法与步骤。

2．试制订一份工业机器人控制柜的保养计划。

3．简述工业机器人控制装置和示教器的检查内容。

反侵权盗版声明